高等教育工程造价专业系列教材

Cost Engineering

市政工程计量与计价

SHIZHENG GONGCHENG JILIANG YU JIJIA

主　编⊙张建平　赖应良

副主编⊙张小美　张宇帆

西南交通大学出版社

·成　都·

内容简介

本书依据国家标准《建设工程工程量清单计价规范》(GB 50500—2013)、《市政工程工程量计算规范》(GB 50857—2013)，以及建设行政主管部门关于“营改增”的相关政策规定编写。本书对市政工程计价的概念、分类、费用组成、计价依据、预算的编制方法，以及城市道路的土方工程、管道工程、路基路面工程等内容进行了从施工工艺到读图、列项、算量、套价、计费的系统介绍。

本书可作为高等学校工程造价、工程管理、土木工程专业及其他相关专业的教科书，也可以作为工程造价技术人员的参考书。

图书在版编目(CIP)数据

市政工程计量与计价 / 张建平，赖应良主编. —成都：西南交通大学出版社，2017.3(2025.6 重印)
高等教育工程造价专业“十三五”规划系列教材
ISBN 978-7-5643-5308-7

Ⅰ. ①市… Ⅱ. ①张… ②赖… Ⅲ. ①市政工程－工程造价－高等学校－教材 Ⅳ. ①TU723.3

中国版本图书馆 CIP 数据核字(2017)第 038877 号

市政工程计量与计价
主编 张建平 赖应良

责任编辑 柳堰龙
封面设计 墨创文化

出版发行 西南交通大学出版社
(四川省成都市二环路北一段 111 号
西南交通大学创新大厦 21 楼)
营销部电话 028-87600564 028-87600533
邮政编码 610031
网址 http://www.xnjdcbs.com

印刷 成都中永印务有限责任公司
成品尺寸 185 mm×260 mm
印张 13.25
字数 313 千
版次 2017 年 3 月第 1 版
印次 2025 年 6 月第 10 次
书号 ISBN 978-7-5643-5308-7
定价 35.00 元

课件咨询电话：028-81435775

高等教育工程造价专业“十三五”规划系列教材
建设委员会

序

21 世纪，中国高等教育发生了翻天覆地的变化，从相对数量上看中国已成为全球第一高等教育大国。

自 20 世纪 90 年代中国高校开始出现工程造价专科教育起，到 1998 年在工程管理本科专业中设置工程造价专业方向，再到 2003 年工程造价专业成为独立办学的本科专业，如今工程造价专业已走过了 25 个年头。

据天津理工大学公共项目与工程造价研究所的最新统计，截至 2014 年 7 月，全国约 140 所本科院校、600 所专科院校开办了工程造价专业。2014 年工程造价专业招生人数为本科生 11 693 人，专科生 66 750 人。

如此庞大的学生群体，导致工程造价专业师资严重不足，工程造价专业系列教材更显匮乏。由于工程造价专业发展迅猛，出版一套既能满足工程造价专业教学需要，又能满足本、专科各个院校不同需求的工程造价系列教材已迫在眉睫。

2014 年，由云南大学发起，联合云南省 20 余所高等学校成立了“云南省大学生工程造价与工程管理专业技能竞赛委员会”，在共同举办的活动中，大家感到了交流的必要和联合的力量。

感谢西南交通大学出版社的远见卓识，愿意为推动工程造价专业的教材建设搭建平台。2014 年下半年，经过出版社几位策划编辑与各院校反复地磋商交流，成立工程造价专业系列教材建设委员会的时机已经成熟。2015 年 1 月 10 日，在昆明理工大学新迎校区专家楼召开了第一次云南省工程造价专业系列教材建设委员会会议，紧接着召开了主参编会议，落实了系列教材的主参编人员，并在 2015 年 3 月，出版社与系列教材各主编签订了出版合同。

我以为，这是一件大事也是一件好事。工程造价专业缺教材、缺合格师资是我们面临的急需解决的问题。组织教师编写教材，一是可以解教材匮乏之急，二是通过编写教材可以培养教师或者实现其他专业教师的转型发展。教师是一个特殊的职业—— 是一个需要不断学习更新自我的职业，教师也是特别能接受新知识并传授新知识的一个特殊群体，只要任务明确，有社会需要，教师自会完成自身的转型发展。因此教材建设一举两得。

我希望：系列教材的各位主参编老师与出版社齐心协力，在一两年内完成这一套工程造价专业系列教材编撰和出版工作，为工程造价教育事业添砖加瓦。我也希望：各位主参编老师本着对学生负责、对事业负责的精神，对教材的编写精益求精，努力将每一本教材都打造成精品，为培养工程造价专业合格人才贡献力量。

中国建设工程造价管理协会专家委员会委员
云南省工程造价专业系列教材建设委员会主任 张建平
2015 年 6 月

前　言

本书依据国家标准《建设工程工程量清单计价规范》（GB 50500—2013）、《市政工程工程量计算规范》（GB 50857—2013），以及建设行政主管部门关于“营改增”的相关政策规定编写。

全书分为7章。第1章为市政工程及计价概述，第2章为市政工程计价基础，第3章为市政土石方工程计量与计价，第4章为城市道路工程计量与计价，第5章为城镇给水排水管道工程计量与计价，第6章为拆除工程计量与计价，第7章为市政工程计价示例。

本书是工程造价类专业“十三五”系列规划教材之一，为工程造价专业开设“市政工程计价”或“市政工程预算”而编写，经过两轮教学实践，证明该教材的体系及内容是能满足教学要求的。教学时数为48学时，并在期末安排一周的课程设计。

本书结构新颖、图文并茂、通俗易懂，既方便教学也方便自学。本书第1、2章后的每一章均列出了清单分项与定额分项、工程量计算规则和计算方法，可参考的定额和单位估价表，并配合适量的工程图对计量计价问题进行了深入细致的讨论，体现了作者倡导的“读图、列项、算量、套价、计费”的五步骤学习方法，这是本书有别于同类教材的一大亮点。

本书由昆明理工大学津桥学院张建平、昆明理工大学建筑工程学院赖应良担任主编，昆明理工大学津桥学院张小美、张宇帆担任副主编。编写分工为：张建平编写第1、3、7章，赖应良编写第4章，张小美编写第5、6章，张宇帆编写第2章，范光龙高级工程师对第1章编写提出了修改意见，最后全书由张建平统稿。

本书在编撰过程中参考了新近出版的有关规范、定额和教材，并得到了西南交通大学出版社、昆明理工大学等单位的大力帮助和支持，谨此一并致谢。

本书可作为高等学校工程造价、工程管理、土木工程专业及其他相关专业的教科书，也可以作为工程造价专业人士的参考书。

由于编者水平有限，书中不足与疏漏之处在所难免，敬请读者见谅并批评指正。

编　者

2016年11月

目录

第 1 章　市政工程及计价概述 …… 1

1.1　建设阶段与计价形式 …… 1

1.2　市政工程计价的分类 …… 2

1.3　市政工程计价的过程 …… 6

习题与思考题 …… 8

第 2 章　市政工程计价基础 …… 9

2.1　市政工程预算费用构成 …… 9

2.2　市政工程预算计价依据 …… 14

2.3　市政工程预算编制方法 …… 21

习题与思考题 …… 45

第 3 章　市政土石方工程计量与计价 …… 48

3.1　市政土石方工程清单编制 …… 48

3.2　市政土石方工程计价方法 …… 59

习题与思考题 …… 102

第 4 章　城市道路工程计量与计价 …… 103

4.1　城市道路工程清单编制 …… 103

4.2　城市道路工程计价方法 …… 110

习题与思考题 …… 125

第 5 章　城镇给水排水管道工程计量与计价 …… 127

5.1　城镇给水排水管道工程清单编制 …… 127

5.2　城镇给水排水管道工程计价方法 …… 136

习题与思考题 …… 162

第 6 章　市政拆除工程计量与计价 …… 163

6.1　清单分项及工程量计算规则 …… 163

6.2　定额说明及计算规则 …… 164

6.3　拆除工程计量与计价实例……165
习题与思考题……167
第 7 章　市政工程计量与计价示例……168
7.1　某市政工程施工图……168
7.2　某市政工程招标工程量清单文件……177
7.3　某市政工程招标控制价文件……182
习题与思考题……201
参考文献……202

第 1 章　市政工程及计价概述

市政工程是指城市道路、桥梁、隧道、给排水、污水处理、垃圾处理、路灯等城市公用事业工程。

市政工程是诸多工程类别中的一种，其建设活动规律与其他行业工程一样遵循建筑法所规定的建设程序，即一般都要经历从项目建议书→立项审批→可行性研究→可行性研究批准→初步设计→修正初步设计或技术设计→施工图设计→施工招标、投标与定标→工程施工→竣工验收及交付使用等一系列过程，这一系列过程其实本身都在不断产生费用，这些费用毫无疑问都是工程造价的构成内容，而每一阶段的工作均离不开工程计价这一关键环节。

1.1　建设阶段与计价形式

与建设行业的其他工程类似，市政工程计价在工程建设各阶段均有不同特点、不同的编制依据、不同的编制深度要求以及由此而导致的编制方法的本质差异。

自招标阶段开始，市政工程计价就体现为“多主题互动、长时间延续”的特点，这是由实施阶段的多主体参与性所决定的。基于对建设工程“多次计价、由粗到细、动态形成价格”的工程计价本质特征的理解，市政工程因建设阶段不同而导致的不同计价模式、定价机制如图 1-1 所示。

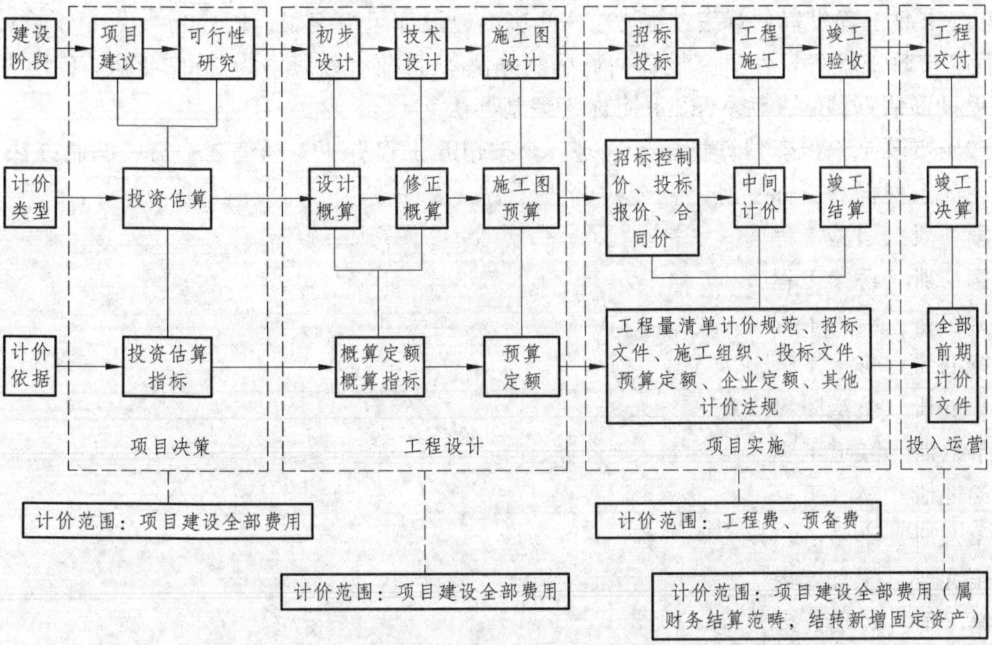

图 1-1　市政工程建设阶段与计价的对应关系示意图

工程计价类型与建设阶段的划分有着非常密切的关系,值得注意的是近年来 BT、BOT、EPC、PPP 等建设模式在国内建设行业不断被推广，这些建设模式不同程度地改变了常规建设模式下参建主体的介入方式，这些改变不可避免地要反映到工程计价的活动中来，因为我们对工程计价的理解不能是单一的、一成不变的。

1.2 市政工程计价的分类

市政工程计价从广义上讲是一个总称。市政工程计价根据不同的设计和建设阶段可分为投资估算、工程概算、施工图预算、施工预算、工程结算和竣工决算。

1. 投资估算

投资估算是在项目建议书和可行性研究阶段编制的。这一阶段，工程对象仅仅是一些粗线条的设想，确定工程造价的目的是为项目的经济评价提供依据。项目建议书和可行性研究的重点在于论证项目实施的必要性和可行性,因此这两个过程也被称为项目决策阶段,经济评价是项目决策的重要支撑。投资估算确定的是项目的经济成本，用于进行经济评价的成本是项目的全寿命周期成本，因而工程造价仅仅是投资估算的一个组成部分，即固定资产投资，也被称为设置费（在有的评价方法中项目成本被定义为设置费与维持费之和）。这就是工程造价在投资估算中的地位和作用，其依据来源于《建设项目经济评价方法与参数（第三版）》，为国家发改委、建设部（现住房和城乡建设部）于 2006 年 7 月 3 日联合发布（发改投资〔2006〕1325 号文），俗称“方法与参数三”。

确定投资估算的工程造价要经历计量与计价这两个必要过程，在没有图纸、工程方案尚不明确的条件下确定一个相对准确的工程造价就是投资估算的计量与计价。

市政工程投资估算的计量计价依据包括：

（1）市政工程投资估算编制办法。该办法由建设部组织编制，于 1996 年发布了第一版，名称为《市政工程可行性研究投资估算编制办法》，目前有效版本为 2007 年版，名称为《市政工程投资估算编制办法》（以下简称《编制办法》）。

（2）市政工程投资估算指标。这是一个按市政工程专业类别编制、与《编制办法》配套使用的系列估算指标手册，全套共 11 册：

第一册　道路工程

第二册　桥梁工程

第三册　给水工程

第四册　排水工程

第五册　防洪防堤工程

第六册　隧道工程

第七册　燃气工程

第八册　集中供热热力网工程

第九册　路灯工程

第十册　垃圾处理工程

第十一册　地铁工程

2. 工程概算

工程概算包括设计概算和修正概算，设计概算依据初步设计文件编制，修正概算依据技术设计文件编制。

技术设计是在初步设计的基础上对关键技术、关键工程方案或关键生产工艺和设备选型进行的深化设计，也可以理解为对初步设计的进一步深化或优化。一般而言，是否需要进行技术设计，与设计项目的规模、技术复杂程度、重要性以及对此类设计项目是否有成熟的设计经验有关，因而技术设计并非是一个必需的设计过程，不进行技术设计也就不存在修正概算的问题。

设计概算应控制在批准的项目可行性研究报告投资估算允许浮动的幅度范围内，修正概算则不应超过设计概算的限额。工程概算经批准后是基本建设项目投资的最高限额，是编制项目投资计划、确定和控制项目投资的依据，也是控制施工图设计和施工图预算的依据。施工图预算一旦突破概算，应查明原因，确需增加投资时应重新调整概算，报原概算审批部门审批，并以重新审批后的概算投资作为项目投资控制的限额。工程概算还有衡量设计方案的经济合理性、选择最佳设计方案和考核建设项目投资效果的作用。

市政工程概算按《市政工程设计概算编制办法》进行编制，该编制办法目前有效版本由住房和城乡建设部于 2011 年 1 月 5 日发布，2011 年 5 月 1 日起执行（建标〔2011〕1 号文）。根据该办法，市政工程概算被划分为给水工程、排水工程、道路工程、桥涵工程、隧道工程、固体废弃物工程、燃气工程、集中供热工程等 8 个专业工程进行编制，与投资估算相比减少了防洪防堤、路灯和地铁三个专业工程。

工程概算在工程造价控制过程中具有举足轻重的地位和作用，其重要的两个编制依据是初步设计图纸和定额，用于编制概算的定额包括概算定额和概算指标。对于市政工程来讲，这两个定额目前似乎都有所缺失，首先是没有全国统一的市政工程概算定额，在地方定额方面有些地区作了编制，但专业类别也不一定齐全，有些地区就直接采用预算定额编制工程概算。如云南省的《市政工程消耗量定额》，既可用于编制概算，也可用于编制预算，因此《市政工程设计概算编制办法》在规定适用定额时也明确可采用预算定额、相关专业概算定额，对有些特殊工程甚至可以采用投资估算指标或类似工程的经济指标，这或许也是出于市政工程概算定额、概算指标不齐全的考虑。之所以出现这种情况，与定额的形成方式有关，如预算定额是扩大的施工定额，概算定额是扩大的预算定额，概算指标是扩大的概算定额，后者是前者的编制基础。近几年为适应建设市场的发展要求，各类专业预算定额在进行较为频繁的修编，概算定额的编制或一时难以跟进，加之“市政工程”这种工程类别的特殊性，其标准规范长期以来并不十分齐全，使其概算定额编制难度较大。另外，预算定额与概算定额之间的主要人、材、机类别的差别不是太大，在消耗量上有一定的幅度差，这种差别通过现在的概、预算软件应用可方便地进行综合和调整处理，对概算的编制深度要求并无太大影响。

3. 施工图预算

施工图预算是建设单位或施工单位在工程开工之前，根据已批准的施工图，在既定的施工方案（或施工组织设计）的前提下，按照《建设工程工程量清单计价规范》和《全国统一市政工程预算定额》，以及当地的各种费用标准及人机单价等，逐项计算编制而成的单位工程或单项工程费用文件。

在施工图出来后的施工准备阶段，必须编制施工图预算。而施工图预算编制单位的不同，会产生不同的造价文件。由建设单位或者受委托的工程造价咨询机构编制的施工图预算称之为招标控制价或者拦标价；由施工单位编制的施工图预算称之为投标报价；投标报价一旦中标就称之为中标价；中标价签入合同就变成了合同价。

施工图预算也就是通常所说的市政工程预算，是确定市政工程预算造价、签订工程合同、施行建设单位和施工单位投资包干、办理工程结算的依据。

市政工程建设项目在施工图完成后即具备了实施的可操作性，即将进入更为复杂的项目实施阶段。按常规建设程序，项目实施阶段更多的参建主体会陆续参与进来，包括施工、监理、质量检测、咨询等单位，以及代表政府进行工程质量监督的质量监督机构也在这一阶段介入，从而改变了之前以项目法人或建设单位为主、勘察设计单位参与的以项目实施方案论证为主要工作内容的建设活动状态，因此我们习惯于将项目实施之前的一系列工作过程统称为项目建设的 “前期工作”。显然，施工图完成后对项目前期工作要有一个考核，这个考核除核查一系列的前期要件是否齐全、各种图纸是否经过评审和批准外，工程造价是否控制在批准的概算限额内也是一个重要的内容。这样设计单位必须依据施工图设计编制一份完整的施工图预算，除作为考核依据外，它还是指导建设单位进行施工合同标段的划分、招标代理机构编制招标文件的重要依据，这就是设计单位的施工图预算。

施工单位在投标过程中及中标后，为指导其投标报价、进行总体施工组织设计编制、施工过程管理与成本控制也会进行施工图预算，但这种预算的范围往往以其投标的合同范围为限，具有“非完整性”的特点，这就是施工单位的施工图预算，它与投标报价不完全是一回事，因为投标报价包含了太多的市场与竞争因素。

本书所要讲授的仍然是完整意义上的施工图预算，至于非完整性的施工图预算，其在编制方法上与完整性的施工图预算并无本质差别，在编制依据上可能会增加一个企业定额，但如果不是历史悠久、管理完善、实力雄厚的施工企业，很难说它已经建立了完善的企业内部定额体系，因而在没有企业定额的条件下，施工单位编制施工图预算仍然套用的是公开发行的国家或地方定额。

相比概算定额，市政工程的预算定额已较为齐全。首先国家已经发布了全套《全国统一市政工程预算定额》，该套定额于 1988 年和 1999 年分别发布了两个版本，2015 年通过修编定名为《市政工程消耗量定额》，住建部（即住房和城乡建设部）以“建标〔2015〕34 号文”发布，自 2015 年 9 月 1 日起执行，为目前市政工程预算定额的有效版本。全套共 11 个分册，分别是：

第一册　土石方工程

第二册　道路工程

第三册　桥梁工程

第四册　隧道工程

第五册　市政管网工程

第六册　水处理工程

第七册　生活垃圾处理工程

第八册　路灯工程

第九册　钢筋工程

第十册　拆除工程

第十一册　措施项目

除全国统一定额外，地方定额也较为完整，形成了对《全国统一市政工程预算定额》较为有效的补充,基本覆盖了当前大部分市政工程的专业项目。如云南省 2013 年发布的《云南省市政工程消耗量定额》共三册七章，分别是通用项目、道路工程、桥涵工程、隧道工程、给水工程、排水工程、路灯及交通工程，另外云南省还单独编制发行了《云南省园林绿化工程消耗量定额》《云南省轨道交通工程消耗量定额》以及安装工程通用的《云南省通用安装工程消耗量定额》。

本书出于教学的需要，以后的各章主要讨论施工图预算中的计量与计价。

4. 施工预算

施工预算是施工单位内部编制的预算，是指在施工图预算的控制下，施工单位根据施工图纸、施工定额或者企业定额、施工方案，结合现场实际施工方法编制的成本核算文件。

施工预算是施工单位内部编制施工作业计划、签发施工任务单、开展经济活动分析、考核劳动成果实行按劳分配的重要依据。

市政工程计价的分类体系如图 1-2 所示。

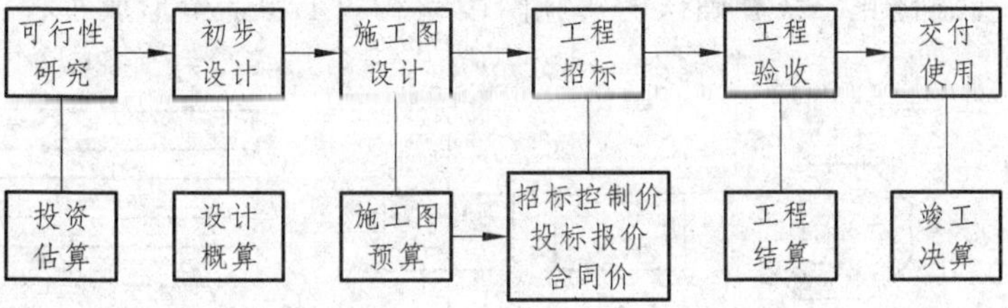

图 1-2　市政工程计价的分类示意图

5. 工程结算

工程结算是指在工程建设的收尾阶段，由施工单位根据影响工程造价的设计变更、工程量增减、项目增减、设备和材料价差，在承包合同约定的调整范围内，对合同价进行必要修正后形成的造价。经建设单位认可的工程结算是拨付和结清工程款的重要依据。工程结算价是该结算工程的实际建造价格。工程结算是超出工程估价范畴的一种计价活动。

6. 竣工决算

竣工决算是指在建设项目通过竣工验收交付使用后，由建设单位编制的反映整个建设项目从筹建到竣工验收所发生全部费用的决算价格。竣工决算应包括建设项目产成品的造价、设备和工器具购置费用和工程建设的其他费用。它应当反映工程项目建成后交付使用的固定资产及流动资金的详细情况和实际价值，是建设项目的实际投资总额，可作为财产交接、考核交付使用的财产成本，以及使用部门建立财产明细账和登记新增固定资产价值的依据。竣工决算也是超出工程估价范畴的一种计价活动。

上述计价过程中，工程估价是在工程开工前进行的，而工程结算和竣工决算则是在工程完工后进行的，它们之间存在多方面的差异，如表 1-1 所示。

表 1-1　不同阶段的工程计价特点对比

类别	编制阶段	编制单位	编制依据	用途
投资估算	可行性研究	工程咨询机构	投资估算指标	投资决策
工程概算	初步设计或扩大初步设计	设计单位	概算定额或概算指标	控制投资及工程造价
施工图预算	工程招投标	工程造价咨询机构和施工单位	预算定额或清单计价规范等	确定招标控制价、投标报价、工程合同价
施工预算	施工阶段	施工单位	施工定额或企业定额	控制企业内部成本
工程结算	竣工验收后交付使用前	施工单位	合同价、设计及施工变更资料	确定工程项目建造价格
竣工决算	竣工验收并交付使用后	建设单位	预算定额、工程建设其他费用定额、工程结算资料	确定工程项目实际投资

1.3　市政工程计价的过程

市政工程计价是一个贯穿工程建设全过程的活动。招标投标环节是“规定量、放开价”；施工环节是“适当放开量、严格控制价”；竣工验收环节是“核对量、核对价”。从而完成了从市场定价、实施修正、结算确认的实施阶段动态的工程造价形成过程，如图 1-3 所示。

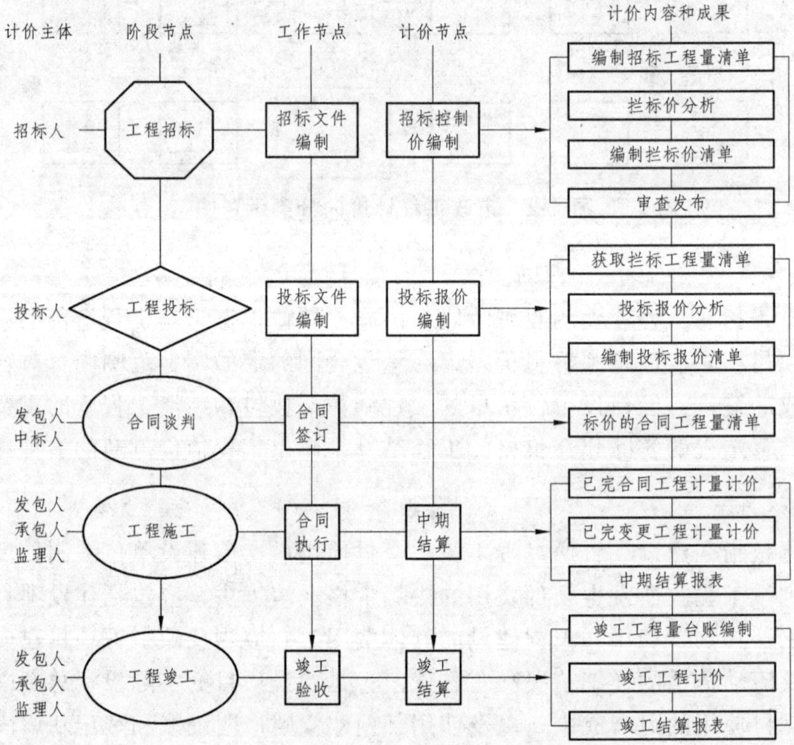

图 1-3　市政工程工程造价形成过程示意图

工程施工的招投标是一个遴选施工承包人的过程，要从众多投标人中优选项目建设的合作者。我国实行招标投标制度后，遴选承包人的形式从过去的指定与委托过渡到现在的招标投标方式，什么样的项目必须进行公开招标，什么样的项目可以采用议标，什么样的项目可以不必招标，都有了明确的规定。

市政工程大部分是以国有资金投资为主的一般建设项目，属于需要进行公开招投标的范畴。在具体的执行上，围绕工程造价的评价在评标标准中一直占据着很大的权重，评价依据也经历了一个发展过程，初期是完全保密的标底价，中期是复合评标价，现在是完全公开的拦标价（即招标控制价），这个发展过程也是发包人预期的成交价格在评标中逐步模糊的过程，现在的拦标价只是发包人预期的最高成交价，投标人的有效标书，其报价越低在评标中越具符合性，中标的可能性越大，在招投标实践中被形象地称为“低标价中标”法。尽管拦标价的作用在评标中已不再凸显，但它提供了一个所有投标人进行投标报价的共同基础——招标工程量清单以及投标的最高限价，招标工程量清单由招标人或其委托的造价咨询人进行编制，其解释权及准确性责任归属发包人，投标人无权对招标工程量清单作任何形式的单方面更改，投标人一旦对招标工程量清单进行了更改或投标报价高于拦标价，其投标书将被排除在合格标书之外，即被视为“废标”；发包人确需对发布的招标工程量清单进行任何更改时，也要经过一定程序并将这种更改通知到所有投标人，这些都是为了保证投标的公平与公正性。招标人提供招标工程量清单，投标人依据招标工程量清单进行自主报价，这就是招标投标中的“规定量、放开价”。

工程施工期间，发包人、承包人已签订了施工合同，此时建设工程管理的重心转移到施工合同的执行上。这时的工程计量计价原则又体现出“适当放开量、严格控制价”的特点，这与招投标期间的“规定量、放开价”有直接的关系。首先是招标清单编制的准确性，除编制工作本身可能存在的一些疏漏外，使用的图纸的深度也会影响清单工程量的准确性，尽管法律法规明确规定了必须在有满足设计深度要求的施工图纸基础上才能组织招标，但实践中以初步设计图纸进行招标的现象也大量存在，因而招标工程量和实施工程量不可避免地存在偏差；其次是实施过程中的工程变更、签证也会导致清单工程量的变化，甚至会产生新的计量计价内容，这些偏差不能在合同执行中得到调整，必然损害到承包人或发包人的利益，影响合同的正常执行。因此合同执行中要“适当放开量”，使合同双方和监理人可以通过对实施工程的计量操作进行合同工程量的调整，以纠正这种偏差。

施工合同价是投标人的自主报价，执行合同价是对承包人信守合同承诺的基本要求，因此必须要“严格控制价”，这也是招投标之初“放开价”的目的和意义。这个“严格控制”在施工期间计价时包含三个层次执行内容：一是针对合同工程内容必须无条件执行合同价；二是变更工程内容适用于原合同价的必须执行合同价；三是变更工程内容不适用原合同价、需确定新增单价时，必须执行投标时的价格水平、投标的降价幅度以及投标时的各项取费标准。总之，施工合同所包含的责任承诺和风险承诺在计价中必须得到全面执行。当然，这种“严格执行”也是以合同约定内容和价格变化风险为限的，当合同约定内容的变化足以导致实际实施的价格变化幅度超过约定风险时，或当人、材、机价格的变化幅度超过合同约定风险时，合同价格的调整也是被允许的。如生产一只杯子和生产一万只杯子的单位成本显然是有差别的，这就是量的变化引起的价格变动，相比之下，人、材、机等生产资料的价格变动就好理解多了。

竣工验收阶段的工程造价确定是发包人、承包人和监理人对实际发生的工程造价作最终的确认，是一个对此前发生的计量计价证据进行全面清理与汇总的过程，其特点就是“核对量、核对价”，以形成真实有效、相互认可的竣工结算价。

综上所述，清单计价模式下工程造价的确定是一个分阶段、多主体互动的计量计价活动过程及其成果，其计价内容不仅仅是一个拦标价或投标报价编制的问题，要讲清楚这个问题，就要分不同阶段、从不同计价主体的角度来阐述其计量计价的目的和意义、方法与程序、依据与证据以及最终提交的成果要求，从而使学生对这种计价模式有一个深刻的认知。这些内容看似庞杂，但教学的目的除传授一定量的知识外，更重要的是建立一种引导机制、提供一些拓宽知识面的渠道，使其在学习乃至以后从业的过程中能通过教材这个窗口去了解更为广阔的相关知识领域，便于其专业技术的提高、成长与成熟。

【习题与思考题】

1. 市政工程计价按其建设阶段的不同可划分为哪些内容？
2. 市政工程计价过程中应注意哪些问题？

第 2 章　市政工程计价基础

2.1　市政工程预算费用构成

2.1.1　市政工程预算费用组成

市政工程也属于建筑安装工程的范畴。

按照中华人民共和国住房和城乡建设部建标〔2013〕44 号文的规定，我国现行建筑安装工程费用由人工费、材料费、施工机具使用费、企业管理费、利润、规费和税金或是由分部分项工程费、措施项目费、其他项目费、规费和税金构成。具体构成内容如图 2-1 所示。

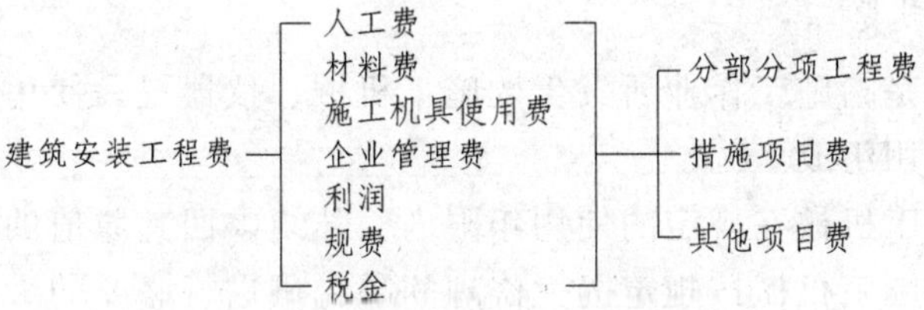

图 2-1　建筑安装工程费用组成

2.1.2　按构成要素划分的费用

建筑安装工程费用若按照费用构成要素划分，则由人工费、材料费（包含工程设备，下同）、施工机具使用费、企业管理费、利润、规费和税金组成。其中人工费、材料费、施工机具使用费、企业管理费和利润包含在分部分项工程费、措施项目费、其他项目费中。

1. 人工费

人工费是指按工资总额构成规定，支付给从事建筑安装工程施工的生产工人和附属生产单位工人的各项费用。其内容包括以下部分。

（1）计时工资或计件工资：按计时工资标准和工作时间或对已做工作按计件单价支付给个人的劳动报酬。

（2）奖金：对超额劳动和增收节支支付给个人的劳动报酬，如节约奖、劳动竞赛奖等。

（3）津贴补贴：为了补偿职工特殊或额外的劳动消耗和因其他特殊原因支付给个人的津贴，以及为了保证职工工资水平不受物价影响支付给个人的物价补贴，如流动施工津贴、特殊地区施工津贴、高温（寒）作业临时津贴、高空津贴等。

（4）加班加点工资：按规定支付的在法定节假日工作的加班工资和在法定日工作时间

外延时工作的加点工资。

（5）特殊情况下支付的工资：根据国家法律、法规和政策规定，因病、工伤、产假、计划生育假、婚丧假、事假、探亲假、定期休假、停工学习、执行国家或社会义务等原因按计时工资标准或计时工资标准的一定比例支付的工资。

2. 材料费

材料费是指施工过程中耗费的原材料、辅助材料、构配件、零件、半成品或成品、工程设备的费用。其内容包括以下部分。

（1）材料原价：材料、工程设备的出厂价格或商家供应价格。

（2）运杂费：材料、工程设备自来源地运至工地仓库或指定堆放地点所发生的全部费用。

（3）运输损耗费：材料在运输装卸过程中不可避免的损耗。

（4）采购及保管费：为组织采购、供应和保管材料、工程设备的过程中所需要的各项费用，包括采购费、仓储费、工地保管费、仓储损耗。

（5）工程设备：构成或计划构成永久工程一部分的机电设备、金属结构设备、仪器装置及其他类似的设备和装置。

3. 施工机具使用费

施工机具使用费是指施工作业所发生的施工机械、仪器仪表使用费或其租赁费。施工机具使用费由以下费用组成。

（1）折旧费：施工机械在规定的使用年限内，陆续收回其原值的费用。

（2）大修理费：施工机械按规定的大修理间隔台班进行必要的大修理，以恢复其正常功能所需的费用。

（3）经常修理费：施工机械除大修理以外的各级保养和临时故障排除所需的费用，包括为保障机械正常运转所需替换设备与随机配备工具附具的摊销和维护费用，机械运转中日常保养所需润滑与擦拭的材料费用及机械停滞期间的维护和保养费用等。

（4）安拆费及场外运费：安拆费指施工机械（大型机械除外）在现场进行安装与拆卸所需的人工、材料、机械和试运转费用以及机械辅助设施的折旧、搭设、拆除等费用；场外运费指施工机械整体或分体自停放地点运至施工现场或由一施工地点运至另一施工地点的运输、装卸、辅助材料及架线等费用。

（5）人工费：机上司机（司炉）和其他操作人员的人工费。

（6）燃料动力费：施工机械在运转作业中所消耗的各种燃料及水、电等。

（7）税费：施工机械按照国家规定应缴纳的车船使用税、保险费及年检费等。

4. 企业管理费

企业管理费是指建筑安装企业组织施工生产和经营管理所需的费用。其内容包括以下部分。

（1）管理人员工资：按规定支付给管理人员的计时工资、奖金、津贴补贴、加班加点工资及特殊情况下支付的工资等。

（2）办公费：企业管理办公用的文具、纸张、账表、印刷、邮电、书报、办公软件、现场监控、会议、水电、烧水和集体取暖降温（包括现场临时宿舍取暖降温）等费用。

（3）差旅交通费：职工因公出差、调动工作的差旅费、住勤补助费，市内交通费和误餐补助费，职工探亲路费，劳动力招募费，职工退休、退职一次性路费，工伤人员就医路费，工地转移费以及管理部门使用的交通工具的油料、燃料等费用。

（4）固定资产使用费：管理和试验部门及附属生产单位使用的属于固定资产的房屋、设备、仪器等的折旧、大修、维修或租赁费。

（5）工具用具使用费：企业施工生产和管理使用的不属于固定资产的工具、器具、家具、交通工具和检验、试验、测绘、消防用具等的购置、维修和摊销费。

（6）劳动保险和职工福利费：由企业支付的职工退职金、按规定支付给离休干部的经费，集体福利费，夏季防暑降温、冬季取暖补贴，上下班交通补贴等。

（7）劳动保护费：企业按规定发放的劳动保护用品的支出，如工作服、手套、防暑降温饮料以及在有碍身体健康的环境中施工的保健费用等。

（8）检验试验费：施工企业按照有关标准规定，对建筑以及材料、构件和建筑安装物进行一般鉴定、检查所发生的费用，包括自设试验室进行试验所耗用的材料等费用。不包括新结构、新材料的试验费，对构件做破坏性试验及其他特殊要求检验试验的费用和建设单位委托检测机构进行检测的费用。对此类检测发生的费用，由建设单位在工程建设其他费用中列支。但对施工企业提供的具有合格证明的材料进行检测不合格的，该检测费用由施工企业支付。

（9）工会经费：企业按《工会法》规定的全部职工工资总额比例计提的工会经费。

（10）职工教育经费：按职工工资总额的规定比例计提，企业为职工进行专业技术和职业技能培训，专业技术人员继续教育、职工职业技能鉴定、职业资格认定以及根据需要对职工进行各类文化教育所发生的费用。

（11）财产保险费：施工管理用财产、车辆等的保险费用。

（12）财务费：企业为施工生产筹集资金或提供预付款担保、履约担保、职工工资支付担保等所发生的各种费用。

（13）税金：企业按规定缴纳的房产税、车船使用税、土地使用税、印花税等。

（14）其他：包括技术转让费、技术开发费、投标费、业务招待费、绿化费、广告费、公证费、法律顾问费、审计费、咨询费、保险费等。

5. 利　润

利润是指施工企业完成所承包工程获得的盈利。

6. 规　费

规费是指按国家法律、法规规定，由省级政府和省级有关权力部门规定必须缴纳或计取的费用。规费由以下费用组成。

（1）社会保险费。

① 养老保险费：企业按照规定标准为职工缴纳的基本养老保险费。

② 失业保险费：企业按照规定标准为职工缴纳的失业保险费。

③ 医疗保险费：企业按照规定标准为职工缴纳的基本医疗保险费。

④ 生育保险费：企业按照规定标准为职工缴纳的生育保险费。

⑤ 工伤保险费：企业按照规定标准为职工缴纳的工伤保险费。

（2）住房公积金：企业按规定标准为职工缴纳的住房公积金。

（3）工程排污费：按规定缴纳的施工现场工程排污费。

（4）其他应列而未列入的规费，按实际发生计取。

7. 税　金

税金是指国家税法规定的应计入建筑安装工程造价内的营业税、城市维护建设税、教育费附加以及地方教育附加。2016 年 5 月 1 日以后，营业税改为增值税。

2.1.3　按造价形成划分的费用

建筑安装工程费用若按照工程造价形成划分由分部分项工程费、措施项目费、其他项目费、规费、税金组成，其中分部分项工程费、措施项目费、其他项目费均包含人工费、材料费、施工机具使用费、企业管理费和利润。

1. 分部分项工程费

分部分项工程费是指各专业工程的分部分项工程应予列支的各项费用。

（1）专业工程：按现行国家计量规范划分的房屋建筑与装饰工程、仿古建筑工程、通用安装工程、市政工程、园林绿化工程、矿山工程、构筑物工程、城市轨道交通工程、爆破工程等各类工程。

（2）分部分项工程：按现行国家计量规范对各专业工程划分的项目，如房屋建筑与装饰工程划分的土石方工程、地基处理与桩基工程、砌筑工程、钢筋及钢筋混凝土工程等。

各类专业工程的分部分项工程划分见现行国家或行业计量规范。

2. 措施项目费

措施项目费是指为完成建设工程施工，发生于该工程施工前和施工过程中的技术、生活、安全、环境保护等方面的费用。其内容包括以下部分。

（1）安全文明施工费。

① 环境保护费：施工现场为达到环保部门要求所需要的各项费用。

② 文明施工费：施工现场文明施工所需要的各项费用。

③ 安全施工费：施工现场安全施工所需要的各项费用。

④ 临时设施费：施工企业为进行建设工程施工所必须搭设的生活和生产用的临时建筑物、构筑物和其他临时设施费用，包括临时设施的搭设、维修、拆除、清理费或摊销费等。

（2）夜间施工增加费：因夜间施工所发生的夜班补助费、夜间施工降效、夜间施工照明设备摊销及照明用电等费用。

（3）二次搬运费：因施工场地条件限制而发生的材料、构配件、半成品等一次运输不能到达堆放地点，必须进行二次或多次搬运所发生的费用。

（4）冬雨季施工增加费：在冬季或雨季施工需增加的临时设施、防滑、排除雨雪，人工及施工机械效率降低等费用。

（5）已完工程及设备保护费：竣工验收前，对已完工程及设备采取的必要保护措施所发生的费用。

（6）工程定位复测费：工程施工过程中进行全部施工测量放线和复测工作的费用。

（7）特殊地区施工增加费：工程在沙漠或其边缘地区、高海拔、高寒、原始森林等特殊地区施工增加的费用。

（8）大型机械设备进出场及安拆费：机械整体或分体自停放场地运至施工现场或由一个施工地点运至另一个施工地点，所发生的机械进出场运输及转移费用及机械在施工现场进行安装、拆卸所需的人工费、材料费、机械费、试运转费和安装所需的辅助设施的费用。

（9）脚手架工程费：施工需要的各种脚手架搭、拆、运输费用以及脚手架购置费的摊销（或租赁）费用。

（10）措施项目及其包含的内容详见各类专业工程的现行国家或行业计量规范。

3. 其他项目费

（1）暂列金额：建设单位在工程量清单中暂定并包括在工程合同价款中的一笔款项。用于施工合同签订时尚未确定或者不可预见的所需材料、工程设备、服务的采购，施工中可能发生的工程变更、合同约定调整因素出现时的工程价款调整以及发生的索赔、现场签证确认等的费用。

（2）计日工：在施工过程中，施工企业完成建设单位提出的施工图纸以外的零星项目或工作所需的费用。

（3）总承包服务费：总承包人为配合、协调建设单位进行的专业工程发包，对建设单位自行采购的材料、工程设备等进行保管以及施工现场管理、竣工资料汇总整理等服务所需的费用。

4. 规　费

规费是指按国家法律、法规规定，由省级政府和省级有关权力部门规定必须缴纳或计取的费用。规费包括以下费用。

（1）社会保险费。

① 养老保险费：企业按照规定标准为职工缴纳的基本养老保险费。

② 失业保险费：企业按照规定标准为职工缴纳的失业保险费。

③ 医疗保险费：企业按照规定标准为职工缴纳的基本医疗保险费。

④ 生育保险费：企业按照规定标准为职工缴纳的生育保险费。

⑤ 工伤保险费：企业按照规定标准为职工缴纳的工伤保险费。

（2）住房公积金：企业按规定标准为职工缴纳的住房公积金。

（3）工程排污费：按规定缴纳的施工现场工程排污费。

（4）其他应列而未列入的规费，按实际发生计取。

5. 税　金

税金是指国家税法规定的应计入建筑安装工程造价内的营业税、城市维护建设税、教育费附加以及地方教育附加。2016 年 5 月 1 日以后，营业税改为增值税。

2.2 市政工程预算计价依据

2.2.1 工程量清单计价规范

1. 清单规范简介

《建设工程工程量清单计价规范》(以下简称《清单规范》), 为国家标准, 编号 GB 50500, 自 2003 年 7 月 1 日起实施。

《清单规范》是根据《中华人民共和国建筑法》《中华人民共和国合同法》《中华人民共和国招投标法》等法律, 以及最高人民法院《关于审理建设工程施工合同纠纷案件适用法律问题的解释》(法释〔2004〕14 号), 按照我国工程造价管理改革的总体目标, 本着国家宏观调控、市场竞争形成价格的原则制定的。

2008 版《清单规范》总结了 2003 版《清单规范》实施以来的经验, 针对执行中存在的问题, 特别是清理拖欠工程款工作中普遍反映的, 在工程实施阶段中有关工程价款调整、支付、结算等方面缺乏依据的问题, 主要修订了 2003 规范正文中不尽合理、可操作性不强的条款及表格格式, 特别增加了采用工程量清单计价如何编制工程量清单和招标控制价、投标报价、合同价款约定以及工程计量与价款支付、工程价款调整、索赔、竣工结算、工程计价争议处理等内容, 并增加了条文说明。

2013 版《清单规范》在 2008 版的基础上, 对体系作了较大调整, 形成了 1 本《计价规范》, 9 本《计量规范》的格局, 具体内容是:

(1)《建设工程工程量清单计价规范》(GB 50500—2013)。

(2)《房屋建筑与装饰工程工程量计算规范》(GB 50854—2013)。

(3)《仿古建筑工程工程量计算规范》(GB 50855—2013)。

(4)《通用安装工程工程量计算规范》(GB 50856—2013)。

(5)《市政工程工程量计算规范》(GB 50857—2013)。

(6)《园林绿化工程工程量计算规范》(GB 50858—2013)。

(7)《矿山工程工程量计算规范》(GB 50859—2013)。

(8)《构筑物工程工程量计算规范》(GB 50860—2013)。

(9)《城市轨道交通工程工程量计算规范》(GB 5086—2013)。

(10)《爆破工程工程量计算规范》(GB 50862—2013)。

《计价规范》内容包括: 总则、术语、一般规定、工程量清单编制、招标控制价、投标报价、合同价款约定、工程计量、合同价款调整、合同价款中期支付、合同解除的价款结算与支付、合同价款争议的解决、工程造价鉴定、工程计价资料与档案、工程计价表格及 11 个附录。此部分主要是条文规定。

各专业的《计量规范》内容包括: 总则、术语、工程计量、工程量清单编制、附录。此部分主要以表格表现。它是清单项目划分的标准, 是清单工程量计算的依据, 是编制工程量清单时统一项目编码、项目名称、项目特征描述、计量单位、工程量计算规则、工程内容的依据。

2. 清单规范作用

《清单规范》是统一工程量清单编制、规范工程量清单计价的国家标准，是调节建设工程招标投标中使用清单计价的招标人、投标人双方利益的规范性文件，是我国在招标投标中实行工程量清单计价的基础，是参与招标投标各方进行工程量清单计价应遵守的准则，是各级建设行政主管部门对工程造价计价活动进行监督管理的重要依据。

3. 清单规范样式

清单规范样式举例见表 2-1。

表 2-1 土方工程（编码：040101）

<table>
<tr><th>项目编码</th><th>项目名称</th><th>项目特征</th><th>计量单位</th><th>工程量计算规则</th><th>工程内容</th></tr>
<tr><td>040101001</td><td>挖一般土方</td><td rowspan="3">1. 土壤类别
2. 挖土深度
3. 弃土运距</td><td rowspan="6">m^3</td><td>按设计图示尺寸以体积计算</td><td rowspan="3">1. 排地表水
2. 土方开挖
3. 围护（挡土板）支撑
4. 基底钎探
5. 场内、外运输</td></tr>
<tr><td>040101002</td><td>挖沟槽土方</td><td rowspan="2">原地面线以下按构筑物最大水平投影面积乘以挖土深度（原地面平均标高至坑底高度），以体积计算</td></tr>
<tr><td>040101003</td><td>挖基坑土方</td></tr>
<tr><td>040101004</td><td>盖挖土方</td><td>1. 土壤类别
2. 挖土深度
3. 支撑设置
4. 弃土运距</td><td>按设计图示围护结构内围面积乘以设计高度（设计顶板底至垫层的高度），以体积计算</td><td>1. 施工面排水
2. 土方开挖
3. 基底钎探
4. 场内、外运输</td></tr>
<tr><td>040101005</td><td>挖淤泥</td><td rowspan="2">1. 挖掘深度
2. 弃淤泥、流砂距离</td><td rowspan="2">按设计图示位置、界限以体积计算</td><td rowspan="2">1. 开挖
2. 场内、外运输</td></tr>
<tr><td>040101006</td><td>挖流砂</td></tr>
</table>

4. 市政工程清单规范内容

市政工程清单规范主要是指《市政工程工程量计算规范》（GB 50857—2013），它是统一市政工程工程量清单编制、规范市政工程工程量计算的国家标准，包括以下内容：

（1）附录 A 土方工程。

（2）附录 B 道路工程。

（3）附录 C 桥涵工程。

（4）附录 D 隧道工程。

（5）附录 E 管网工程。

（6）附录 F 水处理工程。

（7）附录 G 垃圾处理工程。

（8）附录 H 路灯工程。

（9）附录 I 钢筋工程。

（10）附录 J 拆除工程。

（11）附录 K 措施项目。

2.2.2 全国统一市政工程预算定额

1. 概念及作用

《全国统一市政工程预算定额》是完成规定计量单位分项工程所需的人工、材料、施工机械台班的消耗量标准，是统一全国市政工程预算工程量计算规则、项目划分、计量单位的依据，是编制市政工程地区单位估价表、编制概算定额及投资估算指标、编制招标工程控制价、确定工程造价的基础。

2. 适用范围

《全国统一市政工程预算定额》适用于城镇管辖范围的新建、扩建的市政工程。全套定额一共 8 册，包括以下内容：

第一册　通用工程

第二册　道路工程

第三册　桥涵工程

第四册　隧道工程

第五册　给水工程

第六册　排水工程

第七册　燃气与集中供热工程

第八册　路灯工程

3. 定额样式

《全国统一市政工程预算定额》为方便使用，采用通行的表格法来表现，其样式举例见表 2-2。

表 2-2 《全国统一市政工程预算定额》样式举例

计量单位：1 000 m^3

定额编号				1-119	1-120	1-121	…
项目				拖式铲运机铲运土 200 m 以内（3 m^3）			
				一、二类土	三类土	四类土	
基价/元				2 899.34	3 410.42	4 247.57	
其中	人工费/元			134.82	134.82	134.82	
	材料费/元			2.25	2.25	2.25	
	机械费/元			2 726.27	3 273.35	4 110.50	
名称		单位	单价/元	消耗数量			
人工	综合人工	工日	22.47	6.00	6.00	6.00	
材料	水	m^3	0.45	5.00	5.00	5.00	
机械	拖式铲运机（3 m^3）	台班	219.98	10.20	12.14	15.30	
	履带式推土机 75 kW	台班	443.82	1.02	1.21	1.53	
	洒水车 4 000 L	台班	263.07	0.25	0.25	0.25	

4. 定额应用

1）套价计算

套价计算每一分项工程的人工费、材料费、机械费是定额应用的基本方法。只要按规则计算出某一分项工程的工程量，并将工程量除以定额计算单位的扩大倍数，再分别乘以定额表中的人工费单价、材料费单价、机械费单价，即可求得该分项工程的人工费、材料费、机械费（此法仅只适用于课堂教学）。

【例 2-1】 已知某市政工程采用拖式铲运机铲运土，距离 180 m，三类土，土方工程量为 6 500 m^3，求其人工费、材料费、机械费。

【解】 套用《全国统一市政工程预算定额》中的（1-120），见表 2-2 得：

人工费 = 6 500/1 000 × 134.82 = 876.33（元）

材料费 = 6 500/1 000 × 2.25 = 14.63（元）

机械费 = 6 500/1 000 × 3273.35 = 21 276.78（元）

2）人工费换算

仔细阅读《全国统一市政工程预算定额》中的单价就会发现，人工工日单价仅为 22.47 元/工日，反映的是定额编制时点的工资水平。按单位估价表“价变量不变”的原则，在现实工程预算中，可按当地的人工工日单价调整定额中的人工费。其换算公式为：

换算人工费 = 当地的人工工日单价 × 定额人工消耗量 （2.1）

【例 2-2】 某地人工工日单价为 63.88 元/工日，求拖式铲运机铲运土 200 m 以内三类土定额的人工费单价。

【解】 套用《全国统一市政工程预算定额》中的（1-120），见表 2-2 知：定额人工消耗量为 6.0 工日/1 000 m^3，则：

63.88 × 6.0 = 383.28（元/1 000 m^3）

3）材料费换算

《全国统一市政工程预算定额》中的材料单价，反映的是定额编制时点的材料单价。按单位估价表“价变量不变”的原则，在现实工程预算中，可按当地的材料单价调整定额中的材料费。其换算公式为：

换算材料费 = 原定额材料费 +（换入单价 − 换出单价）×
定额材料消耗量 （2.2）

【例 2-3】 某地工程用水的单价为 5.6 元/m^3，求拖式铲运机铲运土 200 m 以内三类土定额的材料费单价。

【解】 套用《全国统一市政工程预算定额》中的（1-120），见表 2-2 知：原定额材料费为 2.25 元/1 000 m^3，水的材料消耗量为 5.0 m^3/1 000 m^3，则：

换算材料费 = 2.25 +（5.6 − 0.45）× 5.0 = 28.0（元/1 000 m^3）

4）机械费换算

《全国统一市政工程预算定额》中的机械单价，反映的是定额编制时点的机械单价。按单位估价表“价变量不变”的原则，在现实工程预算中，可按当地的机械单价调整定额中的机械费。其换算公式为：

$$\text{换算机械费} = \text{原定额机械费} + (\text{换入单价} - \text{换出单价}) \times \text{定额机械消耗量} \tag{2.3}$$

【例 2-4】 某地拖式铲运机的单价为 221.34 元/台班，求拖式铲运机铲运土 200 m 以内三类土定额的机械费单价。

【解】 套用《全国统一市政工程预算定额》中的（1-120），由表 2-2 知：原定额机械费为 3 273.35 元/1 000 m^3，拖式铲运机的单价为 219.98 元/台班，台班消耗量为 12.14 台班/1 000 m^3，则：

$$\begin{aligned}\text{换算机械费} &= 3\,273.35 + (221.34 - 219.98) \times 12.14 \\ &= 3\,289.86\ (\text{元}/1\,000\ \text{m}^3)\end{aligned}$$

2.2.3 人工工日单价

1. 人工工日单价的概念

人工工日单价是指一个建筑安装工人一个工作日（8 h）在预算中按现行有关政策法规规定应计人的全部人工费用。

2. 人工工日单价的组成内容

人工工日单价组成内容，在各部门、各地区并不完全相同。按照现行规定其组成内容为：计时工资或计件工资、奖金、津贴补贴、加班加点工资、特殊情况下支付的工资。

3. 人工工日单价的确定

人工工日单价中的每一项组成内容都是根据有关法规、政策文件的精神，结合本部门、本地区的特点，通过反复测算最终确定的。人工工日单价是指预算中使用的生产工人的工资单价，是用于编制施工图预算时计算人工费的标准，而不是企业发给生产工人工资的标准。实际工程中，技术高的工人一天的工资标准要高于定额的工资单价。人工工日单价也不区分工人工种和技术等级，是一种按合理劳动组合加权平均计算的综合工日单价。

综合工日单价的计算公式如下：

$$\text{综合工日单价} = \text{计时工资或计件工资} + \text{奖金} + \text{津贴补贴} + \text{加班加点工资} + \text{特殊情况下支付的工资} \tag{2.4}$$

2.2.4 材料预算价格

1. 材料预算价格的概念

材料的预算价格是指材料（包括构配件、成品及半成品）从其来源地（或交货地点）到达施工工地仓库（或施工现场内存放材料的地点）后的出库价格。如：普通黏土砖单价 320 元/千块；M5 混合砂浆单价 232.00 元/m^3。

2. 材料预算价格的组成内容

材料预算价格一般由材料供应价、运杂费、运输损耗费、采购及保管费、检验试验费等组成。

3. 材料预算价格的确定

材料预算价格的计算公式如下：

材料预算价格 =（材料供应价 + 材料运杂费 + 运输损耗费）×
（1 + 采购及保管费费率）− 包装品回收价值　　（2.5）

1）材料供应价的确定

材料供应价即材料原价，是指材料的出厂价、进口材料的抵岸价或销售部门的批发价或零售价。对同一种材料，因产地、供应渠道不同出现几种供应价时，其综合供应价可按其供应量的比例加权平均计算。

2）材料运杂费的确定

材料运杂费包括包装费、装卸费、运输费、调车和驳船费以及附加工作费等。

（1）包装费。包装费是指为了便于材料运输和保护材料进行包装所发生和需要的一切费用。包括水运、陆运的支撑、篷布、包装带、包装箱、绑扎等费用。材料运到现场或使用后，要对材料进行回收，回收价值冲减材料预算价格。

（2）运输、装卸等费用。运输、装卸等费的确定，应根据材料的来源地、运输里程、运输方法，并根据国家有关部门或地方政府交通运输管理部门规定的运价标准分别计算。

若同一品种的材料有若干个来源地，其运输、装卸等费用可根据运输里程、运输方法、运价标准，用供应量的比例加权平均的方法计算其加权平均值。

3）材料运输损耗费的确定

材料运输损耗费的计算公式如下：

材料运输损耗费 =（材料供应价 + 运杂费）× 相应材料损耗率　　（2.6）

材料运输损耗率可采用表 2-3 所示的数值。

表 2-3　材料运输损耗率表

材　料　类　别	损耗率/%
机红砖、空心砖、砂、水泥、陶粒、耐火土、水泥地面砖、白瓷砖、卫生洁具、玻璃灯罩	1
机制瓦、脊瓦、水泥瓦	3
石棉瓦、石子、耐火砖、玻璃、色石子、大理石板、水磨石板、混凝土管、缸瓦管	0.5
砌块	1.5

4）采购及保管费的确定

采购及保管费一般按照材料到库价格乘以费率取定。计算公式如下：

$$采购及保管费=材料运到工地仓库的价格\times采购及保管费率 \quad (2.7)$$

或 $$采购及保管费=（材料原价+材料运杂费+材料运输损耗费）\times采购及保管费率$$

2.2.5 机械台班单价

1. 机械台班单价的概念

机械台班单价，是指一台施工机械在一个工作班（8 h）中，为了使这台施工机械能正常运转所需的全部费用。

2. 机械台班单价的组成内容

机械台班单价由七项费用构成：折旧费、大修理费、经常修理费、安拆费及场外运输费、燃料动力费、人工费、税费。

3. 机械台班单价的确定

机械台班单价计算公式如下：

$$机械台班单价=台班折旧费+台班大修理费+台班经常修理费+台班安拆费及场外运输费+台班燃料动力费+台班人工费+台班税费 \quad (2.8)$$

【例 2–5】 某地《施工机械台班费用定额》中规定拖式铲运机（堆载斗容量 3 m^3）的机械台班费组成内容见表 2-4。

表 2-4　拖式铲运机（堆载斗容量 3 m^3）的机械台班费组成

机械名称	规格型号	台班价	费用组成				人工及燃料动力费	
			折旧及大修费	人工费	燃料动力费	其他费	人工	柴油
							24.75	3.00
		元	元	元	元	元	工日	kg
拖式铲运机	堆载斗容量 3 m^3	221.34	38.69	77.65	105.00	0.00	2	35

已知某地的人工工日单价为 65 元/工日，柴油单价为 8.15 元/ kg，求拖式铲运机（堆载斗容量 3 m^3）的机械台班单价。

【解】 由于机械台班费组成内容中有多项单价须调整，则机械台班单价可重新计算，其中折旧及大修费、其他费单价不变。

$$机械台班单价=38.69+77.65/24.75\times65+105/3\times8.15+0 = 527.86（元/台班）$$

2.3 市政工程预算编制方法

现行市政工程预算采用工程量清单计价方法。工程量清单计价是指在建设工程招标投标中，招标人按照国家统一的工程量计算规则提供工程数量并编制“工程量清单”，由投标人依据工程量清单自主报价，并按照“经评审的合理低价”中标的工程造价计价方式。

2.3.1 费用构成

工程量清单计价的费用组成见表 2-5。

表 2-5 工程量清单计价的费用组成表

<table>
<tr><th colspan="2">费用项目</th><th>费用组成内容</th></tr>
<tr><td rowspan="3">分部分项工程费</td><td>直接工程费</td><td>定额人工费、材料费、定额机械费</td></tr>
<tr><td>管理费</td><td>管理人员工资、办公费、差旅交通费、固定资产使用费、工具用具使用费、劳动保险和职工福利费、劳动保护费、检验试验费、工会经费、职工教育经费、财产保险费、财务费、税金、其他</td></tr>
<tr><td>利润</td><td>施工企业完成所承包工程获得的盈利</td></tr>
<tr><td rowspan="5">措施项目费</td><td>人工费</td><td rowspan="5">（1）总价措施费：安全文明施工费（含环境保护费、文明施工费、安全施工费、临时设施费）、夜间施工增加费、二次搬运费、已完工程及设备保护费、特殊地区施工增加费、其他措施费（含冬雨季施工增加费，生产工具用具使用费，工程定位复测、工程点交、场地清理费）
（2）单价措施费：脚手架费、混凝土模板及支架费、垂直运输费、超高施工增加费、大型机械设备进出场及安拆费、施工排水降水费</td></tr>
<tr><td>材料费</td></tr>
<tr><td>机械费</td></tr>
<tr><td>管理费</td></tr>
<tr><td>利润</td></tr>
<tr><td colspan="2">其他项目费</td><td>暂列金额、暂估价、计日工、总包服务费、其他（含人工费调差，机械费调差，风险费，停工、窝工损失费，承发包双方协商认定的有关费用）</td></tr>
<tr><td colspan="2">规　费</td><td>社会保障费（含养老保险费、失业保险费、医疗保险费、生育保险费、工伤保险费）、住房公积金、残疾人保障金、危险作业意外伤害保险、工程排污费</td></tr>
<tr><td colspan="2">税　金</td><td>营业税（增值税）、城市建设维护税、教育费附加、地方教育附加</td></tr>
</table>

2.3.2 编制依据

（1）国家标准《建设工程工程量清单计价规范》和《市政工程工程量计算规范》。

（2）国家或省级、行业建设主管部门颁发的消耗量定额和计价办法。

（3）建设工程设计文件及相关资料。

（4）拟订的招标文件及招标工程量清单。

（5）与建设项目有关的标准、规范、技术资料。

（6）施工现场情况、工程特点及常规施工方案。

（7）工程造价管理机构发布的工程造价信息，当工程造价信息没有发布时，参照市场价。

（8）其他相关资料。

2.3.3 编制步骤

1. 准备阶段

（1）熟悉施工图纸、招标文件。

（2）参加图纸会审、踏勘施工现场。

（3）熟悉施工组织设计或施工方案。

（4）确定计价依据。

2. 编制试算阶段

（1）针对工程量清单，参照国家标准《清单计价规范》、市政工程的《清单计量规范》和当地的《计价定额》、人材机价格信息，计算分部分项工程量清单的综合单价，从而计算出分部分项工程费。

（2）参照当地的《建设工程造价计价规则》计算措施项目费和其他项目费。

（3）参照当地的《建设工程造价计价规则》计算规费、税金。

（4）汇总计算单位工程总价、单项工程造价、工程项目总价。

（5）做主要材料分析。

（6）填写编制说明和封面。

3. 复算收尾阶段

（1）复核。

（2）装订签章。

2.3.4 表格样式

工程量清单计价的表格主要有以下 20 种。

（1）用于招标控制价的封面（表 2-6）。

表 2-6　招标控制价封面

______________工程

招标控制价

招　标　人：______________

（单位盖章）

造价咨询人：______________

（单位盖章）

年　月　日

（2）用于招标控制价的扉页（表 2-7）。

表 2-7 招标控制价扉页

______________工程

招标控制价

招标控制价（小写）：______________________

（大写）：______________________

招标人：______________（单位盖章）

造价咨询人：______________（单位资质专用章）

法定代表人或其授权人：______________（签字或盖章）

法定代表人或其授权人：______________（签字或盖章）

编制人：______________（造价人员签字盖专用章）

复核人：______________（造价工程师签字盖专用章）

编制时间： 年 月 日

复核时间： 年 月 日

（3）用于投标报价的封面（表2-8）。

表2-8　投标报价封面

______________工程 **投标报价** 投标人：______________ （单位盖章） 年　月　日

（4）用于投标报价的扉页（表 2-9）。

表 2-9 投标报价扉页

______________工程

投标总价

招 标 人：______________

工程名称：______________

投标总价（小写）：______________

（大写）：______________

投标人：______________

（单位盖章）

法定代表人或其授权人：______________

（签字或盖章）

编制人：______________

（造价人员签字盖专用章）

编制时间： 年 月 日

（5）编制总说明（表 2-10）。

表 2-10　总说明

工程概况：   编制依据：   其他问题：

（6）建设项目总价汇总表（表 2-11）。

表 2-11 建设项目招标控制价/投标报价汇总表

工程名称： 第 页、共 页

序号	单项工程名称	金额/元	其中：金额/元			
			暂估价	安全文明施工费	规费	税金
	合计					

（7）单项工程费用汇总表（表 2-12）。

表 2-12 单项工程招标控制价/投标报价汇总表

工程名称： 第 页、共 页

序号	单位工程名称	金额/元	其中：金额/元			
			暂估价	安全文明施工费	规费	税金
	合计					

（8）单位工程费用汇总表（表 2-13）。

表 2-13　单位工程招标控制价/投标报价汇总表

工程名称：　　　　　　　　　　　　　　　　　　　　　　　　第　　页、共　　页

序号	汇总内容	金额/元	其中：暂估价/元
1	分部分项工程费		
1.1	人工费		
1.2	材料费		
1.3	设备费		
1.4	机械费		
1.5	管理费和利润		
2	措施项目费		
2.1	单价措施项目费		
2.1.1	人工费		
2.1.2	材料费		
2.1.3	机械费		
2.1.4	管理费和利润		
2.2	总价措施项目费		
2.2.1	安全文明施工费		
2.2.2	其他总价措施项目费		
3	其他项目费		
3.1	暂列金额		
3.2	专业工程暂估价		
3.3	计日工		
3.4	总承包服务费		
3.5	其他		
4	规费		
5	税金		
招标控制价/投标报价合计＝1＋2＋3＋4＋5			

（9）分部分项工程/单价措施项目清单与计价表（表 2-14）。

表 2-14 分部分项工程/单价措施项目清单与计价表

工程名称：　　　　　　　　　　　　　　　　　　　　　　　　　　第　　页、共　　页

序号	项目编码	项目名称	项目特征描述	计量单位	工程量	金额/元				
						综合单价	合价	其中		
								人工费	机械费	暂估价
本页小计										
合计										

（10）综合单价分析表（表 2-15）。

表 2-15 综合单价分析表

工程名称：　　　　　　　　　　　　　　　　　　　　　　　　　　第　　页、共　　页

序号	项目编码	项目名称	计量单位	工程量	清单综合单价组成明细											
					定额编号	定额名称	定额单位	数量	单价/元			合价/元				综合单价
									人工费	材料费	机械费	人工费	材料费	机械费	管理费和利润	
					小计											
					小计											

（11）综合单价材料明细表（表 2-16）。

表 2-16　综合单价材料明细表

工程名称：　　　　　　　　　　　　　　　　　　　　　　　　　第　　页、共　　页

序号	项目编码	项目名称	计量单位	工程量	材料组成明细						
					主要材料名称、规格、型号	单位	数量	单价/元	合价/元	暂估材料单价/元	暂估材料合价/元
					其他材料费						
					材料费小计						
					其他材料费						
					材料费小计						

注：招标文件提供了暂估单价的材料，按暂估的单价填入表内“暂估单价”栏和“暂估合价”栏。

（12）总价措施项目清单与计价表（表 2-17）。

表 2-17　总价措施项目清单与计价表

工程名称：　　　　　　　　　　　　　　　　　　　　　　　　　第　　页、共　　页

序号	项目编码	项目名称	计算基础	费率/%	金额/元	调整费率/%	调整后金额/元	备注
小计								

注：按施工方案计算的措施费，若无“计算基础”和“费率”的数值，也可只填“金额”数值，但应在备注栏说明施工方案出处或计算方法。

（13）其他项目清单与计价汇总表（表 2-18）。

表 2-18　其他项目清单与计价汇总表

工程名称：　　　　　　　　　　　　　　　　　　　　　　第　　页、共　　页

序号	项目名称	金额/元	结算金额/元	备注
1	暂列金额			详见明细表
2	暂估价			
2.1	材料（工程设备）暂估价/结算价	—	—	详见明细表
2.2	专业工程暂估价/结算价			详见明细表
3	计日工			详见明细表
4	总承包服务费			详见明细表
5	其他			
5.1	人工费调差			
5.2	机械费调差			
5.3	风险费			
5.4	索赔与现场签证			详见明细表
合计				

注：① 材料（工程设备）暂估单价进入清单项目综合单价，此处不汇总。
② 人工费调差、机械费调差和风险费应在备注栏说明计算方法。

（14）暂列金额明细表（表 2-19）。

表 2-19　暂列金额明细表

工程名称：　　　　　　　　　　　　　　　　　　　　　　第　　页、共　　页

序号	项目名称	计量单位	暂定金额/元	备注
合计				

注：此表由招标人填写，如不能详列，也可只列暂定金额总额，投标人应将上述暂列金额计入投标总价中。

（15）材料暂估价表（表 2-20）。

表 2-20　材料（工程设备）暂估单价及调整表

工程名称：　　　　　　　　　　　　　　　　　　　　第　　页、共　　页

序号	材料（工程设备）名称、规格、型号	计量单位	数量		暂估/元		确认/元		差额/元		备注
			暂估	确认	单价	合价	单价	合价	单价	合价	
合计											

注：此表由招标人填写“暂估单价”，并在备注栏内说明暂估价的材料、工程设备拟用在哪些清单项目上，投标人应将上述材料、工程设备“暂估单价”计入工程量清单综合单价报价中。

（16）专业工程暂估价表（表 2-21）。

表 2-21　专业工程暂估价及结算价表

工程名称：　　　　　　　　　　　　　　　　　　　　第　　页、共　　页

序号	工程名称	工程内容	暂估金额/元	结算金额/元	差额/元	备注
合计						

注：此表“暂估金额”由招标人填写，投标人应将“暂估金额”计入投标总价中。结算时按合同约定结算金额填写。

（17）计日工表（表 2-22）。

表 2-22 计日工表

工程名称：　　　　　　　　　　　　　　　　　　　　　　　　第　　页、共　　页

序号	项目名称	单位	暂定数量	实际数量	综合单价/元	合价/元	
						暂定	实际
一	人工						
人工小计							
二	材料						
材料小计							
三	施工机械						
施工机械小计							
四、管理费和利润							
总计							

注：此表项目名称、暂定数量由招标人填写，编制招标控制价时，单价由招标人在招标文件中确定；投标时，单价由投标人自主报价，按暂定数量计算合价计入投标总价中。结算时，按发承包双方确认的实际数量计算合价。

（18）总承包服务费计价表（表 2-23）。

表 2-23　总承包服务费计价表

工程名称：　　　　　　　　　　　　　　　　　　　　　　　　第　　页、共　　页

序号	项目名称	项目价值/元	服务内容	计算基础	费率/%	金额/元
1	发包人发包专业工程					
2	发包人提供材料					
合计						

（19）发包人提供材料和工程设备一览表（表 2-24）。

表 2-24　发包人提供材料和工程设备一览表表

工程名称：　　　　　　　　　　　　　　　　　　　　　　　　第　　页、共　　页

序号	材料（工程设备）名称、规格、型号	计量单位	数量	单价/元	交货方式	送达地点	备注

注：此表由招标人填写，供投标人在投标报价、确定总承包服务费时参考。

（20）规费、税金项目计价表（表 2-25）。

表 2-25　规费、税金项目计价表

工程名称：　　　　　　　　　　　　　　　　　　　　　　　　第　　页、共　　页

序号	项目名称	计算基础	计算费率/%	金额/元
1	规费			
1.1	社会保障费、住房公积金、残疾人保证金			
1.2	危险作业意外伤害险			
1.3	工程排污费			
2	税金			
合计				

2.3.5 费用计算

1. 分部分项工程费计算

分部分项工程费的计算公式为：

$$分部分项工程费 = \sum（分部分项清单工程量 \times 综合单价） \quad (2.9)$$

式中，分部分项清单工程量应根据国家标准《市政工程工程量计算规范》中的“工程量计算规则”和施工图、各类标配图计算（具体计算详见以后各章）。

综合单价，是指完成一个规定清单项目所需的人工费、材料和工程设备费、机械使用费和管理费、利润的单价。

$$综合单价 = \frac{清单项目费用（含人/材/机/管/利）}{清单工程量} \quad (2.10)$$

1）人工费、材料费、机械费的计算

人工费、材料费、机械使用费的计算具体见表 2-26。

表 2-26 人工费、材料费、机械使用费的计算

费用名称	计算方法
人工费	分部分项工程量×人工消耗量×人工工日单价 或：分部分项工程量×定额人工费
材料费	分部分项工程量×∑（材料消耗量×材料单价）
机械使用费	分部分项工程量×∑（机械台班消耗量×机械台班单价）

注：表中的分部分项工程量是指按定额计算规则计算出的“定额工程量”。

2）管理费的计算

计算表达式为：

$$管理费 =（定额人工费 + 定额机械费 \times 8\%）\times 管理费费率 \quad (2.11)$$

定额人工费是指在消耗量定额中规定的人工费，是以人工消耗量乘以当地某一时期的人工工资单价得到的计价人工费，它是管理费、利润、社保费及住房公积金的计费基础。当出现人工工资单价调整时，价差部分可进入其他项目费。

定额机械费也是指在消耗量定额中规定的机械费，是以机械台班消耗量乘以当地某一时期的人工工资单价、燃料动力单价得到的计价机械费，它是管理费、利润的计费基础。当出现机械中的人工工资单价、燃料动力单价调整时，价差部分可进入其他项目费。

管理费费率见表 2-27。

表 2-27 管理费费率表

专业	房屋建筑与装饰工程	通用安装工程	市政工程	园林绿化工程	房屋修缮及仿古建筑工程	城市轨道交通工程	独立土石方工程
费率/%	33	30	28	28	23	28	25

3）**利润的计算**

计算表达式为：

$$利润 = （定额人工费 + 定额机械费 \times 8\%）\times 利润率 \quad (2.12)$$

利润率见表 2-28。

表 2-28 利润率表

专业	房屋建筑与装饰工程	通用安装工程	市政工程	园林绿化工程	房屋修缮及仿古建筑工程	城市轨道交通工程	独立土石方工程
费率/%	20	20	15	15	15	18	15

2. 措施项目费计算

2013 年版《建设工程工程量清单计价规范》将措施项目划分为以下两类。

1）**总价措施项目**

总价措施项目是指不能计算工程量的项目，如安全文明施工费、夜间施工增加费、其他措施费等，应当按照施工方案或施工组织设计，参照有关规定以“项”为单位进行综合计价，计算方法见表 2-29。

表 2-29 总价措施项目费计算参考费率表

项目名称	适用条件	计算方法
安全文明施工费	市政工程	分部分项工程费中（定额人工费＋定额机械费×8%）×12.65%
	独立土石方工程	分部分项工程费中（定额人工费＋定额机械费×8%）×2.0%
其他措施	冬、雨季施工增加费，生产工具用具使用费，工程定位复测、工程点交、场地清理费	分部分项工程费中（定额人工费＋定额机械费×8%）×5.95%
特殊地区施工增加费	2 500 m<海拔≤3 000 m 地区	（定额人工费＋定额机械费×8%）×8 %
	3 000 m<海拔≤3 500 m 地区	（定额人工费＋定额机械费×8%）×15 %
	海拔>3 500 m 地区	（定额人工费＋定额机械费×8%）×20 %

注：表中安全文明施工费作为一项措施费用，由环境保护费、安全施工、文明施工、临时设施费组成，适用于各类新建、扩建、改建的市政基础设施和拆除工程。

2）**单价措施项目**

单价措施项目是指可以计算工程量的项目，市政工程的单价措施项目有：井点降水及现场施工围栏、围堰工程、脚手架、桥涵混凝土模板、隧道措施、给排水模板及井子架工程、桥涵临时工程等，可按计算综合单价的方法计算，计算公式为：

$$单价措施项目费 = \sum（单价措施项目清单工程量 \times 综合单价） \quad (2.13)$$

$$综合单价 = \frac{清单项目费用(含人/材/机/管/利)}{清单工程量} \quad (2.14)$$

其中：

$$人工费 = 措施项目定额工程量 \times 定额人工费 \quad (2.15)$$

材料费＝措施项目定额工程量×∑（材料消耗量×材料单价） （2.16）

机械费＝措施项目定额工程量×∑（机械台班消耗量×机械台班单价 （2.17）

管理费＝（定额人工费＋定额机械费×8%）×管理费费率 （2.18）

利润＝（定额人工费＋定额机械费×8%）×利润率 （2.19）

管理费费率见表 2-27，利润率见表 2-28。

3. 其他项目费计算

（1）暂列金额可由招标人按工程造价的一定比例估算，投标人按招标工程量清单中所列的金额计入报价中。工程实施中，暂列金额由发包人掌握使用，余额归发包人所有，差额由发包人支付。

（2）暂估价中的材料、工程设备暂估单价应按招标工程量清单中列出的单价计入综合单价；暂估价中的专业工程暂估价应按招标工程量清单中列出的金额直接计入投标报价的其他项目费中。

（3）计日工应按招标工程量清单中列出的项目根据工程特点和有关计价依据确定综合单价，其管理费和利润按其专业工程费率计算。

（4）总承包服务费应根据合同约定的总承包服务内容和范围，参照下列标准计算：

① 发包人仅要求对其分包的专业工程进行总承包现场管理和协调时，按分包的专业工程造价的 1.5%计算。

② 发包人要求对其分包的专业工程进行总承包管理和协调并同时要求提供配合服务时，根据配合服务的内容和提出的要求，按分包的专业工程造价的 3%～5%计算。

③ 发包人供应材料（设备除外）时，按供应材料价值的 1%计算。

（5）其他：

① 人工费调差按当地省级建设主管部门发布的人工费调差文件计算。

② 机械费调差按当地省级建设主管部门发布的机械费调差文件计算。

③ 风险费依据招标文件计算。

④ 因设计变更或由于建设单位的责任造成的停工、窝工损失，可参照下列办法计算费用：

a. 现场施工机械停滞费按定额机械台班单价的 40%计算，施工机械停滞费不再计算除税金以外的费用。

b. 生产工人停工、窝工工资按 38 元/工日计算，管理费按停工、窝工工资总额的 20%计算，停工、窝工工资不再计算除税金以外的费用。

⑤ 承、发包双方协商认定的有关费用按实际发生计算。

4. 规费计算

（1）社会保障费、住房公积金及残疾人保证金计算公式为：

社会保障费、住房公积金及残疾人保证金＝定额人工费总和×26% （2.20）

式中定额人工费总和是指分部分项工程定额人工费、单价措施项目定额人工费与其他项目定额人工费的总和。

（2）危险作业意外伤害险计算公式为：

危险作业意外伤害险＝定额人工费×1%　　（2.21）

未参加建筑职工意外伤害保险的施工企业不得计算此项费用。

（3）工程排污费：按工程所在地有关部门的规定计算。

5. 税金计算

税金计算公式为：

税金＝计税基数×综合税率　　（2.22）

计税基数＝分部分项工程费＋措施项目费＋其他项目费＋规费－按规定不计税的工程设备费　　（2.23）

税金＝（分部分项工程费＋措施项目费＋其他项目费＋规费－按规定不计税的工程设备费）×综合税率　　（2.24）

综合税率取值见表 2-30。

表 2-30 综合税率取定表

工程所在地	综合税率/%
市区	3.48
县城、镇	3.41
不在市区、县城、镇	3.28

2.3.6 计算实例

【例 2–6】 某城市主干道长 2 500 m，路面宽度为 31.8 m，机动车道为双向 4 车道，每车道宽为 4 m，非机动车道为 3.5 m，人行道宽为 3.0 m，路基加宽值为 0.3 m，为了夜间行车方便和绿化城市环境，分别在机动车道和非机动车道之间每隔 25 m 设一路灯，每隔 5 m 栽一棵树。已计算出的分项工程工程量见表 2-31。试计算表 2-31 所示三种沥青混凝土的综合单价和分部分项工程费。

表 2-31 某城市主干道分项工程清单工程量与定额工程量

序号	清单编码	清单分项工程名称	构造做法	计量单位	清单工程量	定额分项工程名称	定额工程量
1	040203004001	沥青混凝土	4 cm 细粒式沥青混凝土	m^2	40 000	4 cm 细粒式沥青混凝土	40 000
2	040203004002	沥青混凝土	5 cm 中粒式沥青混凝土	m^2	40 000	5 cm 中粒式沥青混凝土	40 000
3	040203004003	沥青混凝土	6 cm 粗粒式沥青混凝土	m^2	40 000	6 cm 粗粒式沥青混凝土	40 000

【解】（1）选择计价依据。查某地的市政工程计价定额相关子目，定额消耗量及单位估价表见表 2-32。

表 2-32 相关子目定额消耗量及单位估价表（计量单位为 100 m^2）

定额编号		2-282＋2-283×2	2-273	2-264
项目		4 cm 细粒式沥青混凝土	5 cm 中粒式沥青混凝土	6 cm 粗粒式沥青混凝土
基价/元		240.42	188.09	206.98
其中	人工费/元	117.29	90.33	98.42
	材料费/元	14.90	14.82	18.54
	机械费/元	108.23	82.94	90.02

（2）选择费率。查表 2-27 管理费率取定为 28%，查表 2-28 利润率取定为 15%。

（3）综合单价计算。综合单价计算在表 2-33 中完成。

表 2-33 分部分项工程综合单价分析表

工程名称：某道路路面工程　　　　第×页、共×页

序号	项目编码	项目名称	计量单位	工程量	清单综合单价组成明细											
					定额编号	定额名称	定额单位	数量	单价/元			合价/元				综合单价
									人工费	材料费	机械费	人工费	材料费	机械费	管理费和利润	
1	040203004001	沥青混凝土	m^2	40 000	2－282＋2－283×2	4 cm 细粒式沥青混凝土	100 m^2	0.01	117.29	14.90	108.23	1.17	0.15	1.08	0.54	2.95
2	040203004002	沥青混凝土	m^2	40 000	2－273	5 cm 中粒式沥青混凝土	100 m^2	0.01	90.33	14.82	82.94	0.90	0.15	0.83	0.42	2.30
3	040203004003	沥青混凝土	m^2	40 000	2－264	6 cm 粗粒式沥青混凝土	100 m^2	0.01	98.42	18.54	90.02	0.98	0.19	0.90	0.45	2.52

（4）分部分项工程费计算见表 2-34。

表 2-34 分部分项工程清单计价表

序号	项目编码	项目名称	计量单位	工程量	金额/元				
					综合单价	合价	其中		
							人工费	机械费	暂估价
1	040203004001	沥青混凝土	m^2	40 000	2.95	118 000	46 916	43 292	
2	040203004002	沥青混凝土	m^2	40 000	2.30	92 000	36 132	33 176	
3	040203004003	沥青混凝土	m^2	40 000	2.52	100 800	39 368	36 008	
合计						310 800	122 416	112 476	

【例 2–7】 已知某城市主干道路路面工程部分的分部分项工程费为 1 995 696.37 元，其中人工费为 423 490.59 元，机械费为 159 782.25 元。单价措施费为 215 348.46 元（其中人工费为 36 543.25），试求该道路路面的工程造价。

【解】 该道路路面的建筑工程造价具体计算见表 2-35、表 2-36。

表 2-35　规费税金项目清单与计价表

序号	项目名称	计算基础	费率/%	金额/元
1	规费			124 209.14
1.1	工程排污费			0.00
1.2	社会保障及住房公积金	分部分项工程人工费＋单价措施费人工费	26	119 608.80
1.3	危险作业意外伤害保险	分部分项工程人工费＋单价措施费人工费	1	4 600.34
2	税金	分部分项工程费＋措施项目费＋其他项目费＋规费	3.48	84 090.75
合计				

表 2-36　单位工程费汇总表

序号	汇总内容	金额/元	其中：暂估价/元
1	分部分项工程费	1 995 696.37	
1.1	人工费	423 490.59	
1.2	机械费	159 782.25	
2	措施项目费	296 495.27	
2.1	单价措施项目费	215 348.46	
2.1.1	人工费	36 543.25	
2.2	总价措施项目费	81 146.81	
2.2.1	安全文明施工费	55 188.56	
2.2.2	其他总价措施项目费	25 958.25	
3	其他项目费	0	
3.1	暂列金额		
3.2	专业工程暂估价		
3.3	计日工		
3.4	总承包服务费		
3.5	其他		
4	规费	124 209.14	
5	税金	84 090.75	
招标控制价/投标报价合计＝1＋2＋3＋4＋5		2 500 491.53	

2.3.7 营改增

1. 增值税的含义

增值税是以商品（含应税劳务）在流转过程中产生的增值额作为计税依据而征收的一种流转税。从计税原理上说，增值税是对商品生产、流通、劳务服务中多个环节的新增价值或商品的附加值征收的一种流转税。增值税实行价外税，也就是由消费者负担，有增值才征税，没增值不征税。

2016 年 3 月 23 日，财政部、国家税务总局发布《关于全面推开营业税改征增值税试点的通知》（财税〔2016〕36 号），自 2016 年 5 月 1 日起，在全国范围内全面推开营业税改征增值税（下称“营改增”）试点，建筑业、房地产业、金融业、生活服务业等全部营业税纳税人，纳入试点范围，由缴纳营业税改为缴纳增值税。

营业税和增值税有以下几方面的不同：

（1）征税范围和税率不同。

增值税是针对在我国境内销售商品和提供劳务而征收的一种价外税，一般纳税人税率为 17%，小规模纳税人的征收的税率为 3%。营业税是针对提供应税劳务、销售不动产、转让无形资产等征收的一种税，不同行业、不同的服务征税税率不同，之前建筑业按 3% 征税。

（2）计税依据不同。

建筑业的营业税征收通常允许总分包差额计税，而实施“营改增”后就得按增值税相关规定进行缴税。增值税的本质是“应纳增值税 = 销项税额 – 进项税额”。在我国增值税的征收管理过程中，实行严格的“以票管税”，销项税额当开具增值税专用发票时纳税义务就已经发生。而营业税是价内税，由销售方承担税额，通常是含税销售收入直接乘以使用税率。

（3）主管税务机关不同。

增值税涉税范围广、涉税金额大，国家有较为严格的增值税发票管理制度，通常会出现牵涉增值税专用发票的犯罪，因此增值税主要由国家税务机关管理。营业税属于地方税，通常由地方税务机关负责征收和清缴。

2. 营改增的意义

1）解决了建筑业内存在的重复征税问题

增值税和营业税并存破坏了增值税进项税抵扣的链条，严重影响了增值税作用的发挥。建筑工程耗用的主要原材料，如钢材、水泥、砂石等属于增值税的征税范围，在建筑企业购进原材料时已经缴纳了增值税，但是由于建筑企业不是增值税的纳税人，因此他们购进原材料缴纳的进项税额是不能抵扣的。而在计征营业税时，企业购进建筑材料和其他工程物资又是营业税的计税基数，不但不可以减税，反而还要负担营业税，从而造成了建筑业重复征税的问题，建筑业实行“营改增”后此问题可以得到有效的解决。

2）有利于建筑业进行技术改造和设备更新

从 2009 年我国实施消费性增值税模式，企业外购的生产用固定资产可以抵扣进项税额。在未进行“营改增”之前，建筑企业购进的固定资产进项税额不能抵扣，而实行“营改增”后建筑企业可以大大降低其税负水平，这在一定程度上有利于建筑业进行技术改造和设备更新，同时也可以减少能耗、降低污染，进而提升我国建筑企业的综合竞争能力。

3）有助于提升专业能力

营业税在计征税额时，通常都是全额征收，很少有可以抵扣的项目，因此建筑企业更倾向于自行提供所需的服务而非由外部提供相关服务，导致了生产服务内部化，这样不利于企业优化资源配置和进行专业化细分。而在增值税体制下，外购成本的税额可以抵扣，有利于建筑企业择优选择供应商供应材料，提高了社会专业化分工的程度，在一定程度上改变了当下一些建筑企业“小而全”“大而全”的经营模式，这将极大地改善和提升建筑企业的竞争能力。

3. 增值税的计算

实行“营改增”并未改变前节所述工程造价的费用构成与计算程序，只是改变了“计税基数”以及“税率”。从“应纳增值税 = 销项税额 - 进项税额”这一本质意义上理解，由于营业税是全额征收，而增值税可以抵扣进项税额，营业税和增值税的“计税基数”不是同一概念，增值税的“计税基数”应当比营业税的“计税基数”要小许多，而“税率“也将完全的不一样。

“营改增”后的税金计算，将产生以下新概念：

1）计增值税的工程造价

计增值税的工程造价是指工程造价的各组成要素价格不含可抵扣的进项税税额的全部价款。也即分部分项工程费和单价措施费（其中的计价材费、未计价材费、设备费和机械费扣除相应进项税税额）以及总价措施费、其他项目费、规费之和的价款。

2）税前工程造价

税前工程造价是指工程造价的各组成要素价格含可抵扣的进项税税额的全部价款。也即分部分项工程费和单价措施费（其中计价材费、未计价材费、设备费和机械费不扣除相应进项税税额）以及总价措施费、其他项目费、规费之和的价款。

3）单位工程造价

单位工程造价 = 税前工程造价 +（增值税额 + 附加税费）

4）“营改增”后税金

“营改增”后税金 = 增值税额 + 附加税费 = 计增值税的工程造价 × 综合税率

某省《关于建筑业营业税改征增值税后调整工程造价计价依据的实施意见》中规定：

（1）除税计价材料费 = 定额基价中的材料费 × 0.912

（2）未计价材料费 = 除税材料原价 + 除税运杂费 + 除税运输损耗费 + 除税采购保管费

（3）除税机械费 = 机械台班量 × 除税机械台班单价（除税机械台班单价由建设行政主管部门发布，此价比定额机械费略低）

照此规定可以理解为，分部分项工程费和单价措施费中，可抵扣进项税税额的费用是计价材料费的 91.2%，全部的未计价材料费和除税机械费。

因此，用于“计增值税的工程造价”及税金计算式为：

计增值税的工程造价 = 计税的分部分项工程费 + 计税的单价措施费 + 总价措施费 + 其他项目费 + 规费 （2.25）

计税的分部分项工程费 = 分部分项工程费 − 除税计价材料费 − 未计价材料费 − 设备费 − 除税机械费 （2.26）

计税的单价措施费 = 单价措施项目费 − 除税计价材料费 − 未计价材料费 − 除税机械费 （2.27）

营改增后税金 = 计增值税的工程造价 × 综合税率 （2.28）

综合税率取值见表 2-37。

表 2-37 营改增后税金综合税率

工程所在地	综合税率/%
市区	11.36
县城、镇	11.30
不在市区、县城、镇	11.18

4. 营改增后工程造价计算程序的调整

实行“营改增”后，工程造价计算程序调整见表 2-38。

表 2-38 营改增后的工程造价计算程序

代号	项 目 名 称	计 算 方 法
1	分部分项工程费	<1.1> + <1.2> + <1.3> + <1.4> + <1.5> + <1.6>
1.1	定额人工费	∑分部分项定额工程量 × 定额人工费单价
1.2	计价材料费	∑分部分项定额工程量 × 计价材料费单价
1.3	未计价材料费	∑分部分项定额工程量 × 未计价材料单价 × 未计价材消耗量
1.4	设备费	∑分部分项定额工程量 × 设备单价 × 设备消耗量
1.5	定额机械费	∑分部分项定额工程量 × 定额机械费单价
A	除税机械费	∑分部分项定额工程量 × 除税机械费单价 × 台班消耗量
1.6	管理费和利润	∑（<1.1> + <1.5> × 8%）×（28% + 15%）
B	计税的分部分项工程费	<1> − <1.2> × 0.912 − <1.3> − <1.4> − <A> （分部分项工程费 − 除税计价材料费 − 未计价材料费 − 设备费 − 除税机械费）
2	措施项目费	<2.1> + <2.2>
2.1	单价措施项目费	<2.1.1> + <2.1.2> + <2.1.3> + <2.1.4> + <2.1.5>
2.1.1	定额人工费	∑单价措施定额工程量 × 定额人工费单价

续表 2-38

代号	项目名称	计算方法
2.1.2	计价材料费	∑单价措施定额工程量×计价材料费单价
2.1.3	未计价材料费	∑单价措施定额工程量×未计价材料单价×未计价材消耗量
2.1.4	定额机械费	∑单价措施定额工程量×定额机械费单价
C	除税机械费	∑单价措施定额工程量×除税机械费单价×台班消耗量
2.1.5	管理费和利润	∑（<2.1.1>+<2.1.4>×8%）×（28%+15%）
D	计税的单价措施项目费	<2.1>−<2.1.2>×0.912−<2.1.3>−<C> （单价措施项目费−除税计价材料费−未计价材料费−除税机械费）
2.2	总价措施项目费	<2.2.1>+<2.2.2>
2.2.1	安全文明施工费	分部分项工程费中（定额人工费+定额机械费×8%）×12.65%
2.2.1	其他总价措施费	分部分项工程费中（定额人工费+定额机械费×8%）×5.95%
3	其他项目费	<3.1>+<3.2>+<3.3>+<3.4>+<3.5>
3.1	暂列金额	按双方约定或按题给条件计取
3.2	暂估材料工程设备单价	按双方约定或按题给条件计取
3.3	计日工	按双方约定或按题给条件计取
3.4	总包服务费	按双方约定或按题给条件计取
3.5	其他	按实际发生额计算
3.5.1	人工费调增	（<1.1>+<2.1.1>）×15%
4	规费	<4.1>+<4.2>+<4.3>
4.1	社保费住房公积金及残保金	定额人工费总和×26%
4.2	危险作业意外伤害保险	定额人工费总和×1%
4.3	工程排污费	按有关规定或题给条件计算
5	税金 工程所在地 市区	（<B>+<D>+<2.2>+<3>+<4>）×11.36%
	税金 工程所在地 县城/镇	（<B>+<D>+<2.2>+<3>+<4>）×11.30%
	税金 工程所在地 其他地方	（<B>+<D>+<2.2>+<3>+<4>）×11.18%
6	单位工程造价	<1>+<2>+<3>+<4>+<5>

注：表中人工费调增为某省 2016 年的新规定。

【习题与思考题】

1. 在建筑安装工程费用组成中，属于规费的是（　　）。

A. 环境保护费　　B. 工程排污费

C. 安全施工费　　D. 文明施工费

2. 未参加建筑职工意外伤害保险的施工企业，危险作业意外伤害保险费的处理方法为（　　）。

A. 按施工单位规定的费率计取此项费用

B. 按业主规定的费率计取此项费用

C. 不得计取此项费用

D. 按合同约定计取此项费用

3. 建筑安装工程费用若按照费用构成要素划分，以下哪项费用不属于其构成内容（　　）。

A. 分部分项工程费　　B. 管理费

C. 利润　　D. 规费

4. 建筑安装工程费用若按照工程造价形成划分，以下哪项费用不属于其构成内容（　　）。

A. 措施项目费　　B. 人工费

C. 规费　　D. 税金

5. 按照建筑安装工程费用项目组成的规定，材料费由（　　）组成。

A. 材料原价　　B. 材料运杂费

C. 运输损耗费　　D. 采购及保管费

E. 检验试验费

6. 按照建筑安装工程费用项目组成的规定，规费包括（　　）。

A. 工程排污费　　B. 养老保险费

C. 税金　　D. 危险作业意外伤害保险

E. 财产保险费

7. 措施项目费的费用构成中，按规定应包括以下哪些费用（　　）。

A. 人工费　　B. 材料费

C. 机械费　　D. 管理费

E. 利润

8. 以下计价依据中，（　　）属于国家标准。

A. 预算定额　　B. 概算指标

C. 清单规范　　D. 价格信息

9. 以下费用项目中，（　　）具备材料预算价格的属性。

A. 材料生产商提供的出厂价格　　B. 材料供应商提供的供货价格

C. 材料批发商提供的批发价　　D. 到达工地仓库后的出库价格

10. 预算定额中的人工工日单价的本质属性是：（　　）。

A. 它是施工企业工资发放的标准

B. 它是编制施工图预算时计算人工费的标准

C. 它是不同工种工人的工资标准

D. 它是不同技术等级工人的工资标准

11.《建设工程工程量清单计价规范》有以下（　　）作用。

A. 是统一工程量清单编制、规范工程量清单计价的国家标准

B. 是调节建设工程招标投标中使用清单计价的招标人、投标人双方利益的规范性文件

C. 是我国在招标投标中实行工程量清单计价的基础

D. 是参与招标投标各方进行工程量清单计价应遵守的准则

E. 是各级建设行政主管部门对工程造价计价活动进行监督管理的重要依据

12.《全国统一市政工程预算定额》统一规定了预算编制中的（　　）。

A. 项目编码　　B. 项目划分

C. 计量单位　　D. 人工单价

E. 材料单价

13. 下列选项中（　　）可归类为计价依据。

A. 清单规范　　B. 预算定额

C. 材料价格　　D. 人工单价

E. 施工图纸

14. 阐述《市政工程工程量计算规范》所起的作用。

15. 在预算定额中，“定额消耗量”“人、材、机单价”和“基价”三者之间是什么关系？

16. 如果理解预算定额在使用时的“价变量不变”含义？

17. 市政工程预算的编制依据为哪些内容？

18. 市政工程预算的编制步骤有哪些环节？

19. 预算定额在使用时如何体现“价变量不变”的原则？

20. 如何使用预算定额计算人工费、材料费和机械费？

21. 与房建工程相比，市政工程预算要多算哪些专业措施费？

22. 已知某城市主干道路面工程部分的分部分项工程费为 2 935 496.37 元，其中人工费为 524 497.52 元，机械费为 259 583.21 元。措施费为 335 546.28 元。试求该主干道路面工程实施“营改增”前的工程造价。

23. 某工程分部分项工程中的定额人工费 325 728 元，计价材费 488 592 元，未计价材费 2 807 268 元，定额机械费 325 728 元（其中除税机械费 280 400 元）。单价措施项目中的定额人工费 26 924 元，计价材费 8 726 元，未计价材费 153 674 元，定额机械费 24 028 元（其中除税机械费 20 424 元）。招标文件载明暂列金额应计 100 000 元，专业工程暂估价 30 000 元，工程排污费计 10 000 元。总价措施项目费应计算安全文明施工费、其他措施费。试根据上述条件计算该工程实施“营改增”后的工程造价。

第 3 章 市政土石方工程计量与计价

3.1 市政土石方工程清单编制

3.1.1 工程量清单编制的要求

1. 工程量清单组成

《建设工程工程量清单计价规范》中规定，工程量清单主要由工程量清单编制总说明、分部分项工程量清单、措施项目清单、其他项目清单、规费与税金清单组成。

分部分项工程是构成工程实体的项目，市政土石方工程属于实体工程项目，应编列在分部分项工程量清单中。

2. 分部分项工程量清单编制内容

分部分项工程量清单表达如表 3-1 所示，应反映出拟建工程的项目编码、项目名称、项目特征、计量单位和工程量。其中项目特征是构成分部分项工程量清单项目自身价值的本质特征，应按《市政工程工程量计算规范》（GB 50857—2013）中的规定，并结合市政土石方工程施工的特殊工艺及流程要求进行描述。

表 3-1 分部分项工程量清单表

序号	项目编码	项目名称	项目特征描述	计量单位	工程量
			A.1 土石方工程		
1	040101001001	挖一般土方	1. 土土壤类别：三类 2. 挖土深度：0.8 m 3. 弃土运距	m^3	100
2	040103001001	回填方	1. 密实度要求：>95% 2. 填方材料品种：三类土 3. 填方来源、运距	m^3	80
⋮	⋮	⋮	⋮	⋮	⋮

3.1.2 工程量清单编制的依据

1. 编制依据

《建设工程工程量清单计价规范》中规定，编制工程量清单应依据以下内容。

（1）国家标准《建设工程工程量清单计价规范》和各专业工程计量规范。

（2）国家或省级、行业建设主管部门颁发的计价依据和办法。

（3）建设工程设计文件。

（4）与建设工程项目有关的标准、规范、技术资料。

（5）招标文件及其补充通知、答疑纪要。

（6）施工现场情况、工程特点及常规施工方案。

（7）其他相关资料。

2. 清单计价规范简介

《市政工程工程量计算规范》（GB 50857—2013）附录 A 土石方工程——表 A.1 土方工程（编码：040101）、表 A.2 石方工程（编码：040102）、表 A.3 回填方共分 12 个项目，各分项内容见表 3-2、表 3-3、表 3-4。

表 3-2　土方工程

项目编码	项目名称	项目特征	计量单位	工程量计算规则	工程内容
040101001	挖一般土方	1. 土壤类别 2. 挖土深度 3. 弃土运距	m^3	按设计图示尺寸以体积计算	1. 排地表水 2. 土方开挖 3. 围护（挡土板）支撑 4. 基底钎探 5. 场内、外运输
040101002	挖沟槽土方			原地面线以下按构筑物最大水平投影面积乘以挖土深度（原地面平均标高至坑底高度）以体积计算	
040101003	挖基坑土方				
040101004	盖挖土方	1. 土壤类别 2. 挖土深度 3. 支撑设置 4. 弃土运距		按设计图示围护结构内围面积乘以设计高度（设计顶板底至垫层的高度）以体积计算	1. 施工面排水 2. 土方开挖 3. 基底钎探 4 场内、外运输
040101005	挖淤泥	1. 挖掘深度 2. 弃淤泥、流砂距离		按设计图示位置、界限以体积计算	1. 开挖 2. 场内、外运输
040101006	挖流砂				

表 3-3　石方工程

项目编码	项目名称	项目特征	计量单位	工程量计算规则	工程内容
040102001	挖一般石方	1. 岩石类别 2. 开凿深度 3. 弃渣运距	m^3	按设计图示开挖线以体积计算	1. 排地表水 2. 凿石 3. 运输
040102002	挖沟槽石方			原地面线以下按构筑物最大水平投影面积每间以挖石深度（原地面平均标高至槽底高度）以体积计算	
040102003	挖基坑石方			按设计图示尺寸以体积计算	
040102004	盖挖石方	1. 岩石类别 2. 开挖深度 3. 弃渣运距	m^3	按设计图示围护结构内围面积乘以设计高度（设计顶板底至垫层的高度）以体积计算	1. 施工面排水 2. 凿石 3. 运输
040102005	基底摊座	1. 岩石类别 2. 开挖深度 3. 弃渣运距	m^2	按设计图示尺寸以展开面积计算	1. 施工面排水 2. 凿石 3. 运输

表 3-4　回填

项目编码	项目名称	项目特征	计量单位	工程量计算规则	工程内容
040103001	回填方	1. 密实度要求 2. 填方材料品种 3. 填方来源、运距	m^3	按设计图示尺寸以体积计算 1. 场地回填：回填面积乘以平均回填厚度 2. 基础回填：挖方体积减去自然地坪以下埋设的基础体积（包括基础垫层及其他构筑物）	1. 填方材料运输 2. 回填 3. 分层碾压、夯实

3. 相关问题说明

（1）沟槽、基坑、一般土石方的划分应符合下列规定：

① 底宽 7 m 以内，底长大于底宽 3 倍以上应按沟槽计算。

② 底长小于宽 3 倍以下，底面积在 150 m^2 以内应按基坑计算。

③ 超过上述范围，应按一般土石方计算。

（2）挖方应按天然密实度体积计算，填方应按压实后体积计算。

3.1.3　工程量清单编制的实例

1. 工程概况

桩号 4 + 894.612 ~ 5 + 880 红线范围内图示道路、排水工程。

本工程西起钓台路，经安谷路、段家路、广成路、崇文路、白马河路、河南街路、沣滨西路、沣滨东路、企业路，东至上林路，设计全长 5 880 m。

本标段为：4 + 894.612 ~ 5 + 880。

本工程规划红线宽度 60 m，三块板形式，其中：机动车道 23 m，隔离带为 2 × 3.5 m，非机动车道为 2 × 5 m，绿化带 2 × 6 m，人行道为 2 × 4 m。

主要技术指标：

（1）道路等级：城市主干道 II 级。

（2）设计车速：50 km/h。

（3）道路设计使用年限：12 年。

（4）道路设计横坡：2%。

（5）人行道设计横坡：2%。

（6）雨水设计重现期：$P = 1$ 年。

2. 施工方案

1）施工原则

（1）道路工程施工，测量先行，这是施工展开的先决条件，必须有准确而符合精度要求的数据为依托。

（2）积极做好确认签证制度工作，使每一道施工工序取得监理工程师的事前、事后认可。

（3）施工方法在满足现行质量评定标准的前提下，力求实用和应用新工艺；质量标准在符合现行《验收评定标准》的基础上，实现本工程提出的质量优良目标。

（4）切实组织落实本工程所制定的各种保证措施及创优规划。

2）雨、污水管道施工

本合同段的雨、污水管道的施工，为不影响路基施工和减少雨水影响，优先安排施工。

（1）管沟开挖。清场后根据设计标高位置，撒石灰线示出开挖宽度，采用挖掘机开挖，垂直开挖至基底设计上 15 cm 后，改由人工修坡及开挖至设计标高，避免对基底的扰动，采用木撑加固沟壁。基底采用蛙式打夯机夯实，使密实度达到设计要求，当土质不能满足要求时，视实际情况，用加灰或换填处理来保证基底达到规定密实度，施工开挖时预留 5 cm 左右的夯实沉落量，并在基底夯实后及时做垫层，以免暴露过长时间，引起地基承载力下降。

（2）灰土垫层施工。管沟基底施工处理完成后及时报检，取得监理单位的签认后，按设计要求做 3∶7 灰土垫层，采用人工在管沟摊铺及整平，打夯机夯实。灰土摊铺时，按标定于沟壁上的标高控制桩进行摊铺，及时检测密实度，保证垫层质量。3∶7 灰土的拌和采用机械场内集中拌和，以确保匀质及含灰量符合图纸要求。

（3）管道安装及闭水试验。管道的安装，由具有经验的专业队伍施工，施工完成后按监理工程师的要求及时作闭水试验，合格后进行下一道工序施工。

（4）回填土。人工分段两侧对称水平打夯机回填，管下部机具不能施工的楔形部分，手锤夯实，每层虚铺厚度，打夯机 ϕ15 cm，手锤 ϕ10 cm，管顶以上打夯机夯实至路床顶面。注意将其与机械压实接茬部位应重点压实。

3）路基挖方施工

本标段路基挖土方开挖高度较小，属浅挖地段，拟采用如下施工方法。

（1）采用全站仪打出线路中心线控制桩，按设计路基横断面放出开挖边线并用白灰线示出。

（2）采用挖掘机配合推土机进行挖方区清表工作，对于机械难以开挖的地段采用人工清表，并及时将废弃物用自卸汽车运至弃土场或垃圾场倾倒。

（3）针对本标段均为浅挖的情况，拟采用推土机推，装载机装土，自卸汽车配合运输的方法进行施工，沿标示开挖边线从上至下顺线路方向分层进行开挖，若能利用，按就近利用的原则将挖方调配至填方区或运至料场用作灰土垫层、基层原料，人工修整边坡。

（4）为了保证不超挖并使边坡的线型美观，在边线开挖时可统一向道路中心线内移 15 cm，待人工刷坡时一并开挖至路床面，并运至料场利用，当土质不符合要求时远运弃土。

（5）当开挖至路拱顶面标高时，应对路拱顶面下 30 cm 的原状土进行翻松，人工配合平地机挂线整平，及时检测土的含水量，针对实际含水量的大小，可采用洒水湿润，晾晒风干或加灰处理的办法，使土的含水量接近最佳含水量（±2%），并用自行式振动压路机碾压，若土质不符合要求则应换填压实。环刀或灌砂法检测压实度，坡脚开挖临时排水沟。

4）路基填土施工

（1）施工程序。

路基填筑前，先做全幅不少于 100 m 的压实试验段，以确定压实设备的组合方式、压实遍数、松铺厚度、松铺系数及含水量的控制范围等。并将压实试验成果呈报监理工程师批准后方可大面积推广应用，作为后续施工的依据。

（2）施工方法。

① 路基填筑采用“四区段、八流程”（四区段为：填筑区、平整区、碾压区、检验区；八流程为：施工准备、测量放样、基底处理、分层填筑、摊铺整平、碾压夯实、检验签证、路基和边坡整修）工艺水平分层分段填筑，由低洼处填起，逐步过渡到一个平面再大面积的填筑，特别注意填挖与沟坎接茬处要分层挖成台阶碾压密实，消除质量隐患。

② 利用全站仪，通过控制导线测设道路中心控制桩点，根据设计横断面放出填筑边线并用白灰线示出，利用推土机进行表土清理，自卸汽车运输至弃土场或垃圾场。为了减少测量工作，避免每层填筑后使用仪器，可在第一次边线放出后，将边线控制桩统一外放 1 m，打入木桩，并测定其标高，以作为分层填土临时控制桩使用。

③ 本标段的填方，采用挖掘机和装载机取土，自卸汽车运输至填筑区段，整平采用推土机粗平，平地机精平，松铺厚度原则上不超过 30 cm，以试验段成果为准，含水量可通过洒水或翻晒的方式控制，必要时，还可加大投资，采用磨细生石灰、砂砾石或抛填片石处理软弱地基，以确保含水量控制在最佳含水量 ± 2%以内，碾压采用振动凸块压路机和振动光面压路机组合碾压。碾压原则为“先慢后快、先边后中”。为确保路基边缘压实度，每侧填宽需超出设计宽度 30 cm，且要多碾压 1 ~ 2 遍。

④ 当填高 80 cm 时，清表完成后应将基底翻松 30 cm 后再进行碾压，以确保地基碾压密实。

⑤ 由于本标段实际填土高度多数 2 ~ 3 层，大于 95%的压实度标准将是土方施工质量控制的关键。为此，将采用大吨位压实机械，严格控制含水量和适当减薄厚度的方法和措施，确保工程质量。

⑥ 在施工之前，用平地机将下层填土表面进行初步刮平，测设出线路中线及填筑边线，并按纵向 5 m 布撒方格网，按计算出的每格用土量进行卸土作业，避免土量忽大忽小的现象，造成粗平困难。要在线路中线及边线处，试选培土堆，顶面撒白灰点，测定其标高，作为土方摊铺平整的依据。整平以平地机为主，人工挂线找补配合。振动和静压组合，虚铺时多加 1.5 cm 以使碾压后标高比设计标高高约 1 cm，以便精平时“宁刮勿补”刮平至设计标高，确保路拱标高、平整度、压实度，满足规范要求。

⑦ 试验检测。本段填土采用环刀法进行检测，在征得监理工程师许可的前提下，拟使用核子密度仪，以满足机械化施工要求及加快检测速度。路拱成型一段后刷坡整型，将多余土方调运至下段使用。

5）灰土基层施工

本标段设计底基层为 10%灰土，拟采用机械路拌法施工，配备主导机械有稳定土拌合机1台，平地机1台，推土机1台，凸块压路机和光轮压路机各1台，水车1台。根据施工规范分两层施工。

（1）施工程序。

先作机动主车道灰土试验段，并将成果呈报监理工程师批准后方可大面积正式施工。先施工机动车道，后施工非机动车道。

（2）工艺流程。

① 施工准备。在已整修成型路拱上用全站仪准确放出中线及边线，撒出灰线布设长度4~6 m左右方格网，并在分隔带两侧边缘及人行道边缘实施人工培土挡，以满足填料按设计位置摊料及保证宽度要求。并进行前期材料试验和标准击实试验及机械进场、劳动力组织工作，为正式施工创造条件。

② 灰土拌和。场拌的设备及布置应在拌和以前提交监理工程师并取得批准，当进行拌和操作时，原料应充分拌和均匀，拌合设备应为抽取试样提供方便。拌和时应根据原材料和混合料的含水量，及时调整加水量，拌和后的合料要尽快摊铺。

③ 运输。灰土采用自卸汽车运输，车辆应装载均匀，在已完成的铺筑层整个表面上通过时，速度宜缓，以减少不均匀碾压或车辙。

④ 摊铺。摊铺采用推土机粗平，平地机精干，摊铺厚度严格根据试验段获得数据进行。

⑤ 碾压。碾压采用凸块振动压路机碾压密实。碾压速度头2遍采用1.5~1.7 km/h，后几遍采用2.0~2.6 km/h，并保证路面全宽范围内均匀碾压至合格，其中路面边缘和接缝处填料要多压1~2遍。碾压完毕后，及时用环刀法测压实度，当达到要求后进行下道工序。

⑥ 整型。整型采用平地机刮平，光轮压路机封面，整型前要确保高程、平整度及横坡满足规范要求，本着“宁刮勿补”的原则进行。整型完成后再检测平面几何指标，必要时采用平地机再精平一遍后复压，以获得理想的平整度及外观质量。

⑦ 接缝处理。在碾压段末端压成斜坡，接缝时将此工作缝切成垂直于路面及路中心线的横向断面，再进行下一施工段的摊铺及碾压。

⑧ 养生。采用洒水养生。在碾压完成后，必须保湿养生，养生期不应少于7 d，每天洒水次数视气温而定，以保证二灰土表面始终处于潮湿或湿润状态，但也不应过分潮湿。

⑨ 交通管制。灰土在养生期间，除洒水车外，原则上应封闭交通。若个别施工车辆非得通过，则限速20 km/h。

6）二灰碎石基层施工

本标段二灰碎石拟采用厂拌法施工，先施工机动车道后施工非机动车道，一层压实完成，按搭接流水作业方式组织实施。配备主导机械稳定土拌合机1台，平地机1台，推土机2台，凸块压路机1台，振动光轮压路机1台，洒水车1台，基本方法同于底基层施工。

（1）施工程序。

先施工机动主车道 50 m 试验段，并及时上报试验段成果，经监理工程师审批后，再进行大面积展开施工，并以此作为后续施工的依据。

（2）工艺流程。

① 施工准备。包括原材料检验和标准击实，机械及劳动力组织等。对将施工的底基层

成型路段进行清理工作，放出中线及宽度边线，划分方网格，沿边线设置土档以避免超宽，在边线土挡外 30 cm 设立土质标高台，示出松铺厚度作为摊料厚度控制依据。

② 拌和。厂拌设备及布置位置应在拌和前提交监理工程师并取得批准后，方可进行设备的安装、检修、调试，使混合料的颗粒组成、含水量达到规定的要求。拌和均匀的混合料中不得含有大于 2 mm 的粉煤灰和石灰团粒。

③ 运输。采用自卸汽车运输，在已完成的铺筑层上通过时，速度宜慢，以减少不均匀碾压或车辙，拌和厂离摊铺地点较远时，混合料在运输时应覆盖，以防水分蒸发，卸料时应注意卸料速度，以防止离析，运到现场的混合料应及时摊铺。

④ 摊铺。摊铺采用稳定土摊铺机摊铺，摊铺厚度根据试验段获得数据执行。

⑤ 碾压。采用凸块压路机进行，碾压时顺线路方向，横向轮迹重叠 1/2，按照由两边向中间，由慢到快的方法进行，保证在路面基层均匀连续碾压至密实，灌砂法检测密实度，其中基层边缘和接缝处应多压 1 ~ 2 遍。

⑥ 整型。碾压密实后，用平地机精平，可按横断面方向用白灰点示出平整标高，依据“宁刮勿补”的原则进行，应顺线路方向沿同方向刮平，严禁反复刮平，以免造成顶部混合料发生离析现象。封面采用自行振动光轮压路机进行，按由慢到快，由静到振，由轻到重的方法完成封面作业，及时检测标高、横（纵）坡，必要时可再精干一遍后复压，使上述各项指标满足设计与规范的要求。

⑦ 养生。采用洒水养生。稳定土在养生期间应保持一定湿度，连续养生不小于 7 d，洒水次数视气温而定，以保证二灰碎石表面始终处于潮湿状态。

⑧ 交通管制。养生期间，除洒水车外，原则上应封闭交通。若个别施工车辆非得通过，则限速 20 km/h。并禁止急刹车或急打方向掉头。

7）路面面层施工

本工程路面结构依次为基层上喷洒乳化沥青透油层（1.2 kg/m^2），5 cm 粗粒式沥青碎石连接层，4 cm 中粒式沥青混凝土面层。乳化沥青透油层采用沥青洒布车喷洒，沥青混凝土、沥青碎石机械拌和，自卸汽车运输，摊铺机摊铺，光轮、胶轮压路机碾压。

（1）施工顺序。

路面基层养护期结束→乳化沥青透层施工→粗粒式沥青碎石试验段施工→粗粒式沥青碎石施工→中粒式沥青混凝土试验段施工→中粒式沥青混凝土施工。

（2）工艺流程。

① 乳化沥青透层。基层检验合格后，对基层进行清扫，若表面过分干燥时，在基层表面少量洒水，并待表面稍干后用沥青洒布车喷洒乳化沥青。洒布时做到薄厚均匀。人工撒铺石屑，铺完石屑后用压路机静压 1 ~ 2 遍。施工中做好结构物和路缘石的防污保护。

② 乳化沥青黏层。根据设计要求在沥青混合料面层间洒布沥青黏层油，另外新铺沥青混合料与其他构造物的接触面，以及路缘石侧面涂刷沥青黏层油，施工过程中作好路缘石结构物防污保护。用沥青洒布车均匀喷洒，黏层沥青喷洒量为 0.4 ~ 0.6 kg/m^2。

③ 沥青面层。当基层验收及路缘石施工合格，下封层检验合格后，方可施工粗粒式沥青碎石连接层、中粒式沥青混凝土面层。

a. 施工准备。

基层表面干燥、整洁、无任何松散集料和尘土、污染物，并整理好排水设施。封层表面完好无损，有损坏部位及时修补封层。路缘石安装稳固，与沥青混合料接触面已涂刷黏层沥青。拌和设备、运料设备、摊铺机及压实设备已上场并调试好。标高控制设施已设好或摊铺机控制摊铺厚度已调好，并经复查无误

b. 拌和。

沥青采用导热油加热。AH-100 石油沥青加热温度为 150 ~ 170 °C，集料的加热温度比沥青加热温度高 10 ~ 20 °C，每锅拌和时间为 30 ~ 50 s。沥青混合料拌和均匀一致，无花白、无粗细料分离和结团成块现象，其出厂温度为 140 ~ 160 °C。沥青混合料拌和好后，在未运送前，先储存在有保温设施的储料仓内，储存超过 6 h 或温度低于 130 °C 的沥青混合料不出厂。

c. 运输。

运输车的车厢侧板内壁和底板面清扫干净，不粘有有机物质，并涂刷一薄层油水（柴油：水 = 1：3）混合液，且每车备有保温盖布。运至摊铺地点的沥青混合料温度不低于 120 ~ 150 °C，但不超过 175 °C，质量不符合要求的混合料不得铺筑在路上。

d. 摊铺。

连接层用全半幅一次标高控制法，用摊铺机匀速连续摊铺，摊铺速度 4 ~ 5 m/min。面层采用厚度控制法用沥青混凝土摊铺机全半幅分次摊铺。在摊铺机装上自动找平基准装置后，给摊铺机输入铺设的厚度、仰角等参数，让摊铺机在全自动状态下运行工作，行驶速度 4 ~ 6 m/min。沥青混凝土的摊铺温度保持在 125 ~ 160 °C，松铺厚度根据试验段确定。

e. 碾压。

摊铺后检测混合料温度适合后，紧接着碾压。压实按初压、复压、终压三个阶段进行。压路机从低边向高边直线匀速行驶，先慢后快，先静压后振压，由弱振到强振，再从强到弱，每次应重叠 1/2 ~ 1/3 轮迹。工作中杜绝刹车、调头、曲线行驶。碾压温度为：初压 110 ~ 130 °C，速度 2 ~ 3 km/h；复压 100 ~ 120 °C，速度 3 ~ 5 km/h；终压 80 ~ 90 °C，速度 4 ~ 5 km/h。对压路机无法压实的局部地段，采用振动平板夯夯实，压路机不在碾压成型并未冷却的路段上转向、调头或停车等候。

f. 接缝处理。

同日摊铺相邻两摊铺带应重叠 2.5 ~ 5.0 cm，先摊铺带纵缝一侧，应设置垫木预防发生变形和污染。不在同日摊铺的纵缝，在摊铺新料前对先摊铺带之边缘应加细修理，将松动、裂纹、厚度不足或未充分压实的部分清除掉，刨齐缝边要垂直，线形直顺，并喷洒一层粘层油，热沥青方可摊铺新料。纵缝应在摊铺后立即碾压，碾压时碾轮大部分压在已碾压路面上，约 10 ~ 15 cm 宽度压在新铺的沥青混合料上，然后逐渐移动越过纵缝。上下两层纵缝不应重叠，一般错开 30 cm。

横缝宜长不宜短，以减少横缝，摊铺碾压时在端部设垫木，次日继续施工时端部横缝，若须刨除，工艺同纵缝措施。

g. 开放交通。

沥青混合料各层铺筑完成后，等冷却后即可开放通车。

h. 检测。

施工中抽检沥青混合料的沥青含量、集料级配、流值、稳定度、空隙率、饱和度等技术指标，每天完工后及时检测路面标高、厚度、平整度、密实度、宽度、横坡度等，并达到规范设计要求。

8）人行道施工

（1）灰土基层施工。

本合同段人行道设计为10%灰土基层，采用场拌法施工分段进行。施工方案同底基层灰土施工。

施工时先对填土顶面进行清理、整修，用自卸车将灰土运至现场，推土机粗平稳压，凸块压路机碾压密实，平地机精平后，光轮振动压路机封面。

灰土施工采取分段推进的方法，一次到位，做到“宁高勿低，宁刮勿补”，及时洒水养护一周并封闭交通。

（2）混凝土垫层施工。

① 混凝土拌制与运输。混凝土采用强制式混凝土拌合机拌制，拌制中严格控制混凝土坍落度和拌制时间，运输采用混凝土工程车运输，混凝土运输过程中，尽量减少颠簸，防止离析。

② 混凝土摊铺、振捣及收面。混凝土摊铺采用人工摊铺，平板振动器振捣，采用人工整平，收面可采用木模收面。

③ 养生。混凝土初凝后立即采用塑料薄膜覆盖，洒水养生，养生期间，必须确保混凝土始终处于潮湿状态，养生期不小于 7 d。

（3）地面彩砖施工。

人行道地面彩砖施工之前应进行道边路缘石的安装施工，路缘石严格按设计位置挂线施工，以保证顺直美观。严格控制道牙的直顺度、高程，对于缺角及不合格不美观的道牙严禁使用，做到线型美观及舒适。

地面砖铺砌前应清理基层，然后进行砂浆拌和，砂浆拌和采用砂浆拌合机拌和，小翻斗车运输，严格控制砂浆水灰比。

地砖铺砌时应用铁模配合刮尺将砂浆铺平，并稍高于设计高程，然后进行地砖摆放，用橡胶锤击实。

铺砌时应注意花纹、花形及盲道砖的摆放，进行挂线施工，三米靠尺随时检查平整度。

铺砌后应用湿砂洒面，雾状洒水养护，此期间封闭交通。

9）附属工程施工

（1）道牙、井盖、井箅安装。

路缘石及平石在基层施工完成一段后搭接进行，将位置及标高控制每 20 m 按设计位置外放 15 cm，红漆点示出于预设木桩顶作为施工控制的依据，采用内外两侧挂线法进行作业。用3 m直尺检查，以达到顺直美观，标高符合要求为标准，人工接头灌浆勾缝成型并洒水养护。

井盖及铁箅子由厂家供货，组织专人安装。

（2）防渗复合土工膜施工。

① 土工膜的铺设紧贴坡面，从底部向上延伸，施工时避免土工膜日晒及施工人员踩踏。

② 土工膜铺设前，应先检查基层表面是否有草根、树根等杂物或大颗粒硬物，应深挖清除干净并填塞土夯实，在基层平整（不能有任何凹陷和凸出物）、干净、无杂物，经监理工程师检验签字后进行。

③ 铺设前应对土工膜先行检查，有扯裂、蠕变、老化的土工膜不得使用，有孔洞、破损的应及时修补或更换。

④ 铺设应平顺，松紧适当，不允许伸拉过紧，应呈波纹状或留有褶皱，并和基层密贴。

10）雨季施工

（1）原则：做到"超前预报、合理组织、机动灵活、措施得力"。以使施工尽量少受雨水的影响。

（2）措施。

① 掌握天气预报和气候趋势及动态，以利安排施工，做好预防和准备工作。

② 合理安排施工，道路基层以下施工避开雨季。

③ 机械设备和水泥等材料的存放应选择适宜场地，并做好防雨工作。对主要的工程做好防雨，运输便道做好排水工作，保证雨后畅通。

④ 道路填筑、底基层及基层要做到随填、随平、随压实。每层填土表面应按设计做成拱坡，随时掌握好天气变化情况，使雨前收工前将铺填的松土碾压密实。

⑤ 下雨、基层和面层的下层潮湿时，均不得摊铺沥青混合料。对未经压实即遭雨淋的沥青混合料，要全部清除，更换新料。

⑥ 基坑开挖后要及时施工垫层，不能让雨水浸泡，如正赶上下雨时，要预留一定厚度，待雨后再继续施工。

⑦ 要发扬突击施工和加班加点精神，有雨前要突击完，好天气时要加班加点，做好晴雨天的工作调节。

⑧ 备好防雨物品和施工人员的雨衣和雨靴。

⑨ 施工用电严格管理，并有防雨、防雷电设施。

3. 工程量清单编制

编制好分部分项工程量清单，一是要列出分项工程名称，二是要描述项目特征，三是要按照规则正确计算工程量，而完成这一切离不开对施工过程的完整理解，这是工程量清单编制的基础。

根据上述所列某道路工程的施工方案，其中关于土方工程的施工过程可以归结为：

1）管沟土方开挖

清场后根据设计标高位置，撒灰线示出开挖宽度，采用反铲挖掘机开挖，垂直开挖至管沟基底设计标高上15 cm后，改由人工修坡及开挖至设计标高。

2）**管沟土方回填**

人工分段两侧对称水平打夯机回填，管下部机具不能施工的楔形部分，手锤夯实，每层虚铺厚度，打夯机≤15 cm，手锤≤10 cm，管顶以上打夯机夯实至路床顶面。

3）**道路土方开挖**

① 采用全站仪打出线路中心线控制桩，按设计路基横断面放出开挖边线并用白灰线示出。

② 采用正铲挖掘机配合推土机进行挖方区清表工作，对于机械难以开挖的地段采用人工清表，并及时将废弃物用自卸汽车运至弃土场或垃圾场倾倒。

③ 针对本标段均为浅挖的情况，拟采用推土机推、装载机装土、自卸汽车配合运输的方法进行施工，沿标示开挖边线从上至下顺线路方向分层进行开挖，若能利用，按就近利用的原则将挖方调配至填方区或运至料场用作灰土垫层、基层原料。

④ 人工修整边坡。为了保证不超挖并使边坡的线型美观，在边线开挖时可统一向道路中心线内移 15 cm，待人工刷坡时一并开挖至路床面。

⑤ 当开挖至路拱顶面标高时，应对路拱顶面下 30 cm 的原状土进行翻松，人工配合平地机挂线整平。

4）**路基填土施工**

① 推土机清表。利用全站仪，通过控制导线测设道路中心控制桩点，根据设计横断面放出填筑边线并用白灰线示出，利用推土机进行表土清理，自卸汽车运输至弃土场或垃圾场。

② 机械填方。采用挖掘机和装载机取土，自卸汽车运输至填筑区段，整平采用推土机粗平，平地机精平，松铺厚度原则上不超过 30 cm，碾压采振动凸块压路机和振动光面压路机组合碾压。当填高 80 cm 时，清表完成后应将基底翻松 30 cm 后再进行碾压，以确保地基碾压密实。

③ 在施工之前，用平地机将下层填土表面进行初步刮平，测设出线路中线及填筑边线，并按纵向 5 m 布撒方格网，按计算出的每格用土量进行卸土作业。整平以平地机为主，人工挂线找补配合。

依据《市政工程工程量计算规范》和本工程拟采用的施工方案，编制土方工程部分的分部分项工程量清单见表 3-5。

表 3-5　分部分项工程量清单表

序号	项目编码	项目名称	项目特征描述	计量单位	工程量
			一、管沟土石方工程		
1	040101002001	挖沟槽土方（机械）	1. 土壤类别：×类土 2. 挖土深度：××m 3. 弃土运距：××km	m^3	
2	040101002002	挖沟槽土方（人工）	1. 土壤类别：×类土 2. 挖土深度：××m 3. 弃土运距：××km		

续表 3-5

序号	项目编码	项目名称	项目特征描述	计量单位	工程量
3	040103001001	回填方（机械）	1. 密实度要求：0.95 2. 填方材料品种：×类土 3. 填方粒径要求：×× 4. 填方来源、运距：××	m^3	
			二、道路土石方工程		
4	040101001003	挖一般土方（机械）	1. 土壤类别：×类土 2. 挖土深度：××m 3. 弃土运距：××km	m^3	
5	040101001004	挖一般土方（人工）	1. 土壤类别：×类土 2. 挖土深度：××m 3. 弃土运距：××km	m^3	
6	040103001002	回填方（机械）	1. 密实度要求：0.95 2. 填方材料品种：×类土 3. 填方粒径要求：×× 4. 填方来源、运距：××	m^3	
⋮	⋮	⋮	⋮	⋮	

3.2 市政土石方工程计价方法

3.2.1 市政土石方工程计价特点

市政土石方工程在《市政工程工程量计算规范》（GB 50857—2013）和《全国统一市政工程预算定额》中编排为“通用项目”部分，适用于各类市政工程，也就是说市政土石方工程不是一个独立的工程项目，而是市政工程中修筑城镇道路、桥涵、隧道、地铁及铺设给排水管网等工程的前期工程。所以市政土石方工程的计价应区别不同工程施工的特殊工艺及流程要求，在城镇道路、桥涵、隧道、地铁及铺设给排水管网等工程中列项计价。

3.2.2 土石方工程项目分项

1. 土石方工程清单分项

（1）挖土方：分为挖一般土方、挖沟槽土方、挖基坑土方、盖挖土方、挖淤泥、挖流砂共 6 个项目。

（2）挖石方：分为挖一般石方、挖沟槽石方、挖基坑石方、盖挖石方、基底摊座共 5 个项目。

（3）回填方 1 个项目。

2. 土石方工程定额分项

（1）人工挖土方细分为一、二类土，三类土，四类土共 3 个项目。

（2）人工挖沟、槽土方细分为三类土挖深在 2 m、4 m、6 m、8 m 以内共 4 个项目。

（3）人工挖基坑土方细分为三类土挖深在 2 m、4 m、6 m、8 m 以内共 4 个项目。

（4）人工清理土堤基础细分为厚度在 10 cm、20 cm、30 cm 共 3 个项目。

（5）人工挖土堤台阶细分为三类土横向坡度在 1∶3.3 以下、1∶3.3～1∶2 以下、1∶2 以上共 3 个项目。

（6）人工装、运土方细分为人工运土运距 20 m 以内，运距每增 20 m，双轮车运土运距 50 m 以内，运距每增 50 m，机动翻斗车运距 100 m 以内，运距每增 100 m，人工装汽车运土方，共 7 个项目。

（7）人工挖运淤泥、流砂细分为人工挖淤泥、流砂，人工运淤泥、流砂运距 20 m 以内，人工运淤泥、流砂运距每增 20 m，双轮车运淤泥、流砂运距 100 m 以内，双轮车运淤泥、流砂运距每增 50 m 共 5 个项目。

（8）人工平整场地、填土夯实、原土打夯细分为平整场地、原土打夯、松填土、填土夯实共 4 个项目。

（9）推土机推土细分为三类土推土机推距 20 m 以内、推土机推距每增 10 m 共 2 个项目。

（10）铲运机铲运土方细分为三类土运土 200 m 以内、运土每增 50 m 共 2 个项目。

（11）挖掘机挖土细分为三类土装车、不装车共 2 个项目。

（12）挖掘机挖淤泥、流砂细分为装车、不装车共 2 个项目。

（13）装载机装土 1 个项目。

（14）装载机装运土方按运距不同细分为运距 20 m 以内、60 m 以内、80 m 以内、100 m 以内、150 m 以内，共 5 个项目。

（15）自卸汽车运土细分为运距 1 km 以内和每增加 1 km，共 2 个项目。

（16）机械平整场地、原土夯实、填土（石）夯实细分推土机平整场地、拖式铲运机平整场地、拖式双筒羊足碾原土碾压、内燃压路机原土碾压、拖式双筒羊足碾填土碾压、振动压路机填土碾压、内燃压路机填土碾压、机械填石方碾压、平地原土夯实，槽坑原土夯实、平地填土夯实、槽坑填土夯实，共 12 个项目。

（17）单列沟槽回填砂 1 个项目。

（18）挖掘机转堆土方和机械垂直运输土方 2 个项目。

（19）人工凿石细分为平基软岩、较软岩、较硬岩、坚硬岩和坑槽软岩、较软岩、较硬岩、坚硬岩，共 8 个项目。

（20）人工打眼爆破石方细分为平基爆软岩、较软岩、较硬岩、坚硬岩，坑槽内爆破软岩、较软岩、较硬岩、坚硬岩，共 8 个项目。

（21）机械打眼爆破石方细分为平基爆软岩、较软岩、较硬岩、坚硬岩，坑槽内爆破软岩、较软岩、较硬岩、坚硬岩，共 8 个项目。

（22）石方控制爆破细分为平基爆软岩、较软岩、较硬岩、坚硬岩，坑槽内爆破软岩、较软岩、较硬岩、坚硬岩，共 8 个项目。

（23）静力爆破岩石细分为平基爆较软岩、较硬岩、坚硬岩，坑槽内爆破较软岩、较硬岩、坚硬岩，共 6 个项目。

（24）凿岩机破碎岩石细分为软岩、较软岩、较硬岩、坚硬岩，共 4 个项目。

（25）液压岩石破碎机破碎岩石、混凝土和钢筋混凝土细分为软岩、较软岩、较硬岩或混凝土、坚硬岩或钢筋混凝土，共 4 个项目。

（26）明挖石方运输细分为人力运 20 m 以内、每增 20 m，双轮车运 50 m 以内、每增 50 m，人装翻斗车运 100 m 以内、每增 100 m，共 6 个项目。

（27）推土机推石渣细分为推土机推渣运距 20 m 以内、每增 20 m，共 2 个项目。

（28）挖掘机挖石渣细分为装车、不装车共 2 个项目。

（29）自卸汽车运石渣细分为自卸汽车运距 1 km 以内、每增 1 km，共 2 个项目。

（30）挖掘机转堆松散石方和机械垂直运输石方 2 个项目。

3. 定额项目的工作内容说明

定额项目的工作内容，是正确选用定额子项的关键因素。《全国统一市政工程预算定额》土石方部分定额项目的工作内容列于表 3-6 中，方便学习与使用。

表 3-6　定额项目的工作内容

序号	项目名称	定额编号	工作内容说明
1	人工挖土方	1-1～1-3	挖土、抛土、修整底边、修边坡
2	人工挖沟、槽土方	1-4～1-15	挖土、装土或抛土于沟、槽边 1 m 以外堆放、修整底边、修边坡
3	人工挖基坑土方	1-16～1-27	挖土、装土或抛土于坑边 1 m 以外堆放、修整底边、修边坡
4	人工清理土堤基础	1-28～1-30	挖除、检修土堤面废土层，清理场地，废土 30 m 内运输
5	人工挖土堤台阶	1-31～1-39	划线、挖土将刨松土抛至下方
6	人工铺草皮	1-40～1-42	铺设紧拍、花格接槽、洒水、培土、场内运输
7	人工装、运土	1-43～1-49	装车，运土，卸土，清理道路，铺、拆走道板
8	人工挖运淤泥、流砂	1-50～1-52	挖淤泥、流砂，装、运淤泥、流砂，1.5 m 内垂直运输
9	人工平整场地、填土夯实、原土夯实	1-53～1-58	1. 场地平整：厚度 30 cm 以内的就地挖填、找平； 2. 松填土：5 m 以内的就地取土、填平； 3. 填土夯实：填平、夯土、运水、洒水； 4. 原土夯实：打夯
10	推土机推土	1-51～1-118	1. 推土、弃土、平整、空回； 2. 修理边坡； 3. 工作面内排水
11	铲运机铲运土方	1-119～1-214	1. 铲土、运土、卸土、空回； 2. 推土机配和助铲； 3. 修理边坡、工作面内排水

续表 3-6

序号	项目名称	定额编号	工作内容说明
12	挖掘机挖土	1-215～1-256	1. 挖土，将土堆放在一边或装车，清理机下余土； 2. 修理边坡、工作面内排水
13	装载机装松散土	1-257～1-259	铲土装车、修理边坡、清理机下余土
14	装载机装运土方	1-260～1-269	1. 铲土、运土、卸土； 2. 修理边坡； 3. 人工清理机下余土
15	自卸汽车运土	1-270～1-329	运土、卸土，场内道路洒水
16	抓铲挖掘机挖土、淤泥、流砂	1-330～1-353	挖土、淤泥、流砂，堆放在一边或装车，清理机下余土
17	机械平整场地、填土夯实、原土夯实	1-354～1-366	1. 平整场地：厚度 30 cm 以内的就地挖、填、找平，工作面内排水； 2. 原土碾压：平土、碾压、工作面内排水； 3. 填土碾压：回填、推平、碾压、工作面内排水； 4. 原土夯实：平土、夯土； 5. 填土夯实：摊铺、碎石、平土、夯土
18	人工凿石	1-367～1-370	凿石、基底检平、修理边坡，弃渣于 3 m 以外或槽边 1 m 以外
19	人工打眼爆破石方	1-370～1-382	布孔、打眼、封堵孔口；爆破材料检查领用、安放爆破线路；炮孔检查清理、装药、堵塞、警戒及放炮、处理暗炮、危石，余料退库
20	机械打眼爆破石方	1-383～1-394	布孔、打眼、封堵孔口；爆破材料检查领用、安放爆破线路；炮孔检查清理、装药、堵塞、警戒及放炮、处理暗炮、危石，余料退库
21	液压岩石破碎机破碎岩石、混凝土和钢筋混凝土	1-395～1-406	装、拆合金钎头，破碎岩石，机械移动
22	明挖石方运输	1-407～1-412	1. 清理道路，装、运、卸； 2. 推渣、集（弃）渣
23	推土机推石渣	1-413～1-428	集渣、弃渣、平整
24	挖掘机挖石渣	1-429～1-422	集渣、挖渣、装车、弃渣、平整；工作面内排水及场内道路维护
25	自卸汽车运石渣	1-433～1-452	1. 运渣、卸渣； 2. 场内道路洒水养护

4. 清单项与定额项的组合关系

清单项与定额项的组合关系列举见表 3-7。

表 3-7 清单项与定额项的组合关系表

工程量清单项					可组合定额项目	
项目编码	项目名称	项目特征	计量单位	工程内容	主要内容	定额子目
040101001	挖一般土方	1. 土壤类别 2. 挖土深度 3. 弃土运距	m^3	1. 排地表水 2. 土方开挖 3. 围护（挡土板）支撑 4. 基底钎探 5. 场内、外运输	1. 人工挖土方	1-1～1-3
					2. 机械挖土方	1-215～1-226
					3. 打拔工具桩	1-453～1-508
					4. 挡土板	1-531～1-544
					5. 人工装运土方	1-43～1-49
					6. 人工场平夯实	1-53～1-58
					7. 推土机推土	1-59～1-118
					8. 装载机装运土	1-257～1-269
					9. 自卸汽车运土	1-270～1-329
					10. 机械场平夯实	1-354～1-357
040101002	挖沟槽土方	1. 土壤类别 2. 挖土深度 3. 弃土运距	m^3	1. 排地表水 2. 土方开挖 3. 围护（挡土板）支撑 4. 基底钎探 5. 场内、外运输	1. 人工挖沟槽土方	1-4～1-15
					2. 机械挖沟槽土方	1-227～1-244
					3. 打拔工具桩	1-453～1-508
					4. 挡土板	1-531～1-544
					5. 人工装运土方	1-43～1-49
					6. 人工场平夯实	1-53～1-58
					7. 推土机推土	1-59～1-118
					8. 装载机装运土	1-257～1-269
					9. 自卸汽车运土	1-270～1-329
					10. 机械场平夯实	1-354～1-357
040101003	挖基坑土方	1. 土壤类别 2. 挖土深度 3. 弃土运距	m^3	1. 排地表水 2. 土方开挖 3. 围护（挡土板）支撑 4. 基底钎探 5. 场内、外运输	1. 人工挖基坑土方	1-16～1-27
					2. 机械挖基坑土方	1-227～1-244
					3. 打拔工具桩	1-453～1-508
					4. 挡土板	1-531～1-544
					5. 人工装运土方	1-43～1-49
					6. 人工场平夯实	1-53～1-58
					7. 推土机推土	1-59～1-118
					8. 装载机装运土	1-257～1-269
					9. 自卸汽车运土	1-270～1-329
					10. 机械场平夯实	1-354～1-357

续表 3-7

工程量清单项					可组合定额项目	
项目编码	项目名称	项目特征	计量单位	工程内容	主要内容	定额子目
040101006	挖淤泥	1. 挖掘深度 2. 弃淤泥、流砂距离	m^3	1. 开挖 2. 场内、外运输	1. 人工挖淤泥流砂	1-50 ~ 1-52
					2. 机械挖淤泥流砂	1-338 ~ 1-341 1-350 ~ 1-353
					3. 人工运淤泥	1-51 ~ 1-52
040102001	挖一般石方	1. 岩石类别 2. 开凿深度 3. 弃渣运距	m^3	1. 排地表水 2. 凿石 3. 运输	1. 人工凿石	1-367 ~ 1-370
					2. 人工打眼爆破石方	1-371 ~ 1-382
					3. 机械打眼爆破石方	1-383 ~ 1-386
					4. 明挖石方运输	1-407 ~ 1-412
					5. 推土机推石渣	1-413 ~ 1-428
					6. 挖掘机挖石渣	1-429 ~ 1-432
					7. 自卸汽车运石渣	1-433 ~ 1-452
040102002	挖沟槽石方	1. 岩石类别 2. 开凿深度 3. 弃渣运距	m^3	1. 排地表水 2. 凿石 3. 运输	1. 人工凿石	1-367 ~ 1-370
					2. 人工打眼爆破石方	1-375 ~ 1-378
					3. 机械打眼爆破石方	1-387 ~ 1-390
					4. 明挖石方运输	1-407 ~ 1-412
					5. 推土机推石渣	1-413 ~ 1-428
					6. 挖掘机挖石渣	1-429 ~ 1-432
					7. 自卸汽车运石渣	1-433 ~ 1-452
040102003	挖基坑石方	1. 岩石类别 2. 开凿深度 3. 弃渣运距	m^3	1. 排地表水 2. 凿石 3. 运输	1. 人工凿石	1-367 ~ 1-370
					2. 人工打眼爆破石方	1-379 ~ 1-382
					3. 机械打眼爆破石方	1-391 ~ 1-394
					4. 明挖石方运输	1-407 ~ 1-412
					5. 推土机推石渣	1-413 ~ 1-428
					6. 挖掘机挖石渣	1-429 ~ 1-432
					7. 自卸汽车运石渣	1-433 ~ 1-452
040103001	回填	1. 密实度要求 2. 填方材料品种 3. 填方来源、运距	m^3	1. 填方材料运输 2. 回填 3. 分层碾压、夯实	1. 人工填土夯实	1-54 ~ 1-56
					2. 机械填土碾压	1-358 ~ 1-362
					3. 机械填土夯实	1-365 ~ 1-366

3.2.3 土石方工程量计算规则

1. 土石方工程清单量计算规则

土石方工程清单量计算规则见表 3-5、表 3-6、表 3-7 中的规定。

2. 土石方工程定额计算规则

《全国统一市政工程预算定额》中规定：

（1）土、石方体积均以天然密实体积（自然方）计算，回填土按碾压后的体积（实方）计算。土方体积换算见表 3-8。

表 3-8 土方体积换算表

虚方体积	天然密实度体积	夯实后体积	松填体积
1.00	0.77	0.67	0.83
1.30	1.00	0.87	1.08
1.50	1.15	1.00	1.25
1.20	0.92	0.80	1.00

（2）土方工程量按图纸尺寸以 m^3 计算，修建机械上下坡的便道土方量并入土方工程量内。

（3）挖土放坡和沟、槽底加宽应按图纸尺寸计算，如无明确规定，可按表 3-9、表 3-10 计算。

表 3-9 放坡系数表

土壤类别	放坡起点深度/m	机械开挖		人工开挖或机械顺沟槽方向坑上作业
		坑、槽内作业	坑、槽边上作业	
一、二类土	1.20	1∶0.33	1∶0.75	1∶0.50
三类土	1.50	1∶0.25	1∶0.67	1∶0.33
四类土	2.00	1∶0.10	1∶0.33	1∶0.25

表 3-10 管沟底部每侧工作面宽度

管道结构宽/mm	混凝土管道基础 90°	混凝土管道基础>90°	金属管道	构筑物	
				无防潮层	有防潮层
500 以内	400	400	300	400	600
1 000 以内	500	500	400		
2 500 以内	600	500	400		
2 500 以上	700	600	500		

（4）挖沟槽、基坑需支挡土板时，其宽度另按图示沟槽、基坑宽度增加工作面宽度，单面加 10 cm，双面加 10 cm 计算。挡土板面积，按沟槽、基坑垂直支撑面积以 m^2 计算，计算挡土板后，不得计算放坡。

（5）挖土交接处产生的重复工程量不扣除。如在同一断面内遇有数类土壤，其放坡系数可按各类土占全部深度的百分比加权计算。

（6）人工凿岩石区别石质按设计图示尺寸以 m^3 计算；爆破岩石区别石质按设计图示

尺寸以 m^3 计算。沟槽、基坑深度和宽度允许超挖量为：软岩、较软岩、较硬岩 200 mm、坚硬岩 150 mm，超挖部分并入岩石挖方量计算。

（7）夯实土堤按设计断面以 m^2 计算。清理土堤基础按设计规定水平投影面积以 m^2 计算，清理厚度为 30 cm 以内，废土运距按 30 m 计算。

（8）人工挖土堤台阶工程量，按挖前的堤坡斜面积以 m^2 计算。

（9）管道接口作业坑和沿线各种井室所需增加开挖的土石方工程量按有关规定计算。管道回填土应扣管径在 200 mm 以上的管道、基础、垫层和各种构筑物所占的体积。

3.2.4 土石方工程量计算方法

1. 清单工程量计算说明

（1）填方以压实（夯实）后的体积计算，挖方以自然密实度体积计算。

（2）挖一般土石方的清单工程量按原地面线与开挖达到设计要求线间的体积计算。

（3）挖沟槽和基坑土石方的清单工程量，按原地面线以下构筑物最大水平投影面积乘以挖土深度（原地面平均标高至坑、槽底平均标高的高度）以体积计算，如图 3-1 所示。

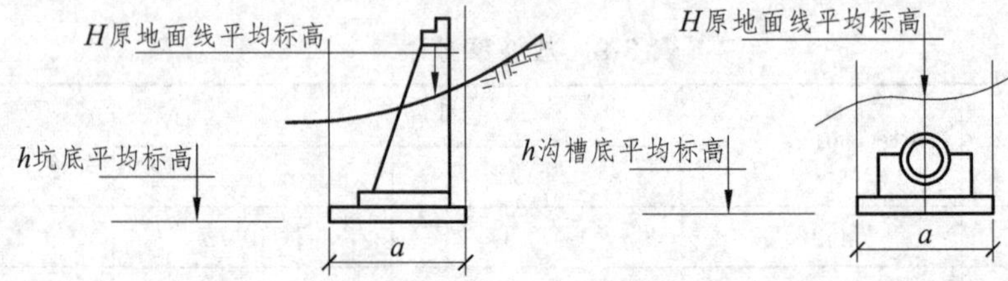

（a）桥台基坑挖方　　（b）沟槽挖方

图 3-1　挖沟槽和基坑土石方示意图

a—桥台垫层宽；*b*—桥台垫层长；$a \cdot b \cdot (H-h)$—管沟挖方工程量

（4）市政管网中各种井的井位挖方计算。因为管沟挖方的长度按管网铺设的管道中心线的长度计算，所以管网中的各种井的井位挖方清单工程量必须扣除与管沟重叠部分的方量，如图 3-2（a）所示，只计算斜线部分的土石方量。

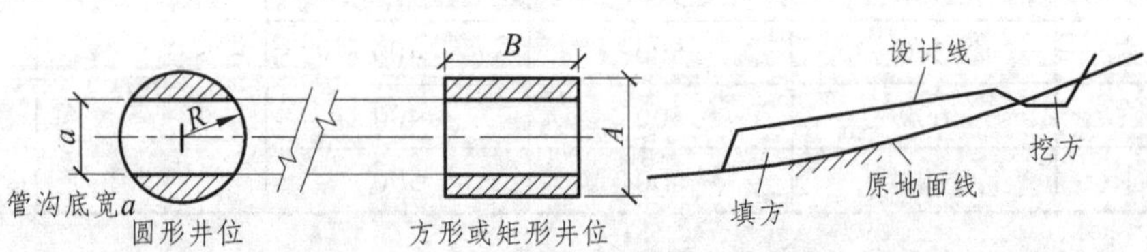

（a）只计算斜线部分土石方量　　（b）道路填方工程量计算

图 3-2　井位挖方示意图

（5）填方清单工程量计算。

① 道路填方按设计线与原地面线之间的体积计算，如图 3-2（b）所示。

② 沟槽及基坑填方按沟槽或基坑挖方清单工程量减埋入构筑物的体积计算，如有原地面以上填方则再加上这部体积即为填方量。

2. 大型土石方工程量方格网计算法

大型土石方工程量的计算法有两种：一种是方格网计算法，另一种是横断面计算法。

1）大型土石方工程量方格网计算法

大型土石方工程量方格网计算方法，一般是指在有等高线的地形图上，划分为许多正方形的方格。正方形的边长，在初步设计阶段一般为 50 m 或 40 m 方格；在施工图设计阶段为 20 m 或 10 m 方格。方格边长愈小，计算得出的工程量数值愈正确。在划得方格的各角点上标出推算出的设计高程，同时也标出自然地面的实际高程。通常是将设计高程填写在角点的右上角，实际地面高程填写在角点的右下角。该地面高程以现场实际测量为准，然后将地面实测标高减设计标高，正号（+）为挖方，负号（-）为填方，带正负号的数值填写在负点的左上角。在角点的左下角的数字为角点的排列号，如图 3-3 所示。

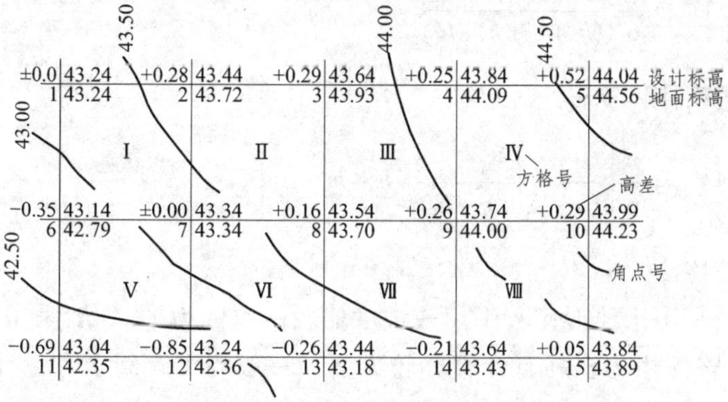

图 3-3　20 m 方格网图

大型土石方工程量计算有图解法和公式计算法两种，一般来说，图解法不仅使用不便，而且精度太差，一般均不采用。公式计算法有三种方法，即：三角棱柱体法、四方棱柱体法和方格网法。

（1）三角棱柱体法。

三角棱柱体法是沿地形等高线，将每个方格相对角点连接起来划分为两个三角形。这时有两种情况，一种是三角形内全部为挖方或填方[图 3-4（a）]，一种是三角形内有零线，即部分为挖方，部分为填方[图 3-4（b）]。

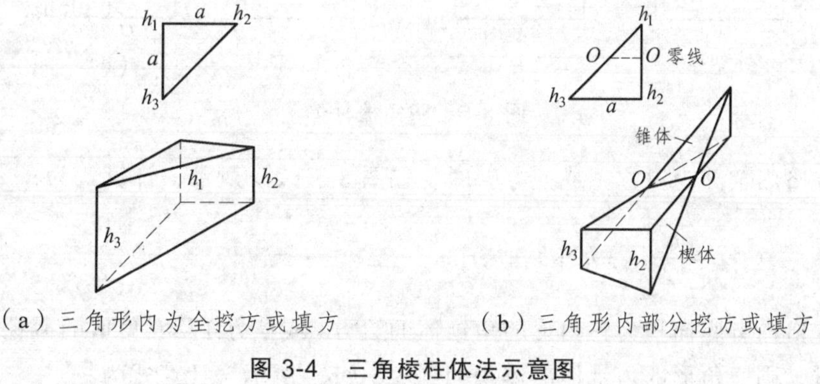

图 3-4　三角棱柱体法示意图

O—*O*—零位线（即不挖不填）

当三角形为全部挖方或填方时，其截棱柱的体积为：

$$V = \frac{a^2}{6}(h_1 + h_2 + h_3) \tag{3.1}$$

式中　V——挖方或填方的体积（m^3）；

a——方格边长；

h_1、h_2、h_3——各角顶点的施工高度（m），用绝对值代入。

各施工高度若有正负号时应与图符合。

当三角形为部分挖方及部分填方时（图 3-4），必然出现零线，这时小三角形部分为锥体，其体积为：

$$V_{锥} = \frac{a^2}{6} \cdot \frac{h_1^3}{(h_1 + h_2)(h_1 + h_3)} \tag{3.2}$$

斜梯形部分为楔体体积：

$$V_{楔} = \frac{a^2}{6}\left[\frac{h_1^3}{(h_1 + h_2)(h_1 + h_3)} - h_1 + h_2 + h_3\right] \tag{3.3}$$

（2）四方棱柱体法。

四方棱柱体法是用于地形比较平坦或坡度比较一致的地形。一般采用 30 m 方格及 20 m 方格，以 20 m 方格使用为多并且计算亦较方便，一般均可查阅土方量计算表。根据四角的施工高度（高差）符号不同，零线可能将正方形划分为四种情况：正方形全部为填方（或挖方）；其中一小部分为填方（或挖方）形成三角形和五角形面积；其中近一半为填方（或挖方）形成两个梯形面积。又有两个三角形及一个六角形（假定空白为挖，阴影为填）。图 3-5 所示方格边长以 a 表示，对有零位线的零位距离，计算式中有两种表示方式，一种以 b，c 表示，另一种以施工高度 h_1，h_2，…的比值来表示距离，示例如下。

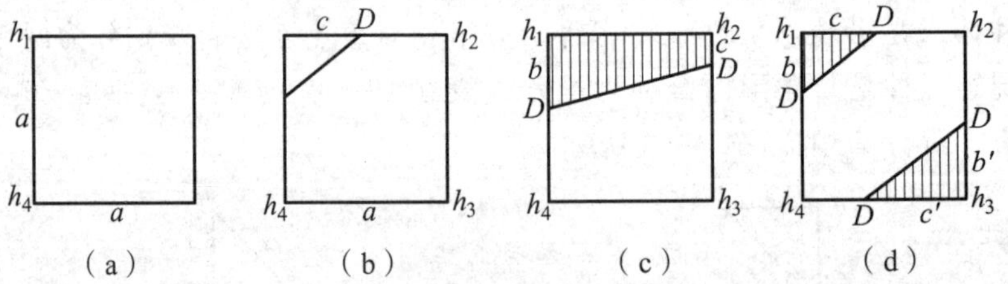

图 3-5　四角棱柱体

① 当方格内全部为填方（或挖方）时，如图 3-5（a）所示，计算式为：

$$V_{挖} = \frac{a^2}{4}(h_1 + h_2 + h_3 + h_4) \tag{3.4}$$

② 当方格内有底面积为三角形的角锥体的填方（或挖方）及五角形的截棱柱体的挖土（或填方）时，则三角形的角锥体的体积如图 3-5（b）所示。计算式为：

$$V_{填}=\frac{1}{2}b\cdot c\frac{h_1}{3}=\frac{h1}{6}(b\cdot c) \tag{3.5}$$

若以施工高程来表示距离 a，b 时，则：

$$b=\frac{ab_1}{h_1+h_4},\ c=\frac{ah_1}{h_1+h_2}$$

代入（3.5）式得：

$$V_{填}=\frac{a^2h_1^3}{6(h_1+h_4)(h_1+h_2)} \tag{3.5a}$$

五角截棱柱体的体积如图 3-5（b）所示，在一般土石方计算资料中均采用近似值，公式如下：

$$V_{挖}=\left(a^2-\frac{bc}{2}\right)\frac{h_2+h_3+h_4}{6} \tag{3.6}$$

若将 b、c 以施工高度表示为：

$$V_{挖}=a^2\left[1-\frac{h_1^2}{2(h_1+h_4)(h_1+h_2)}\right]\frac{h_2+h_3+h_4}{5} \tag{3.6a}$$

若该截五角棱柱体用较精确计算时其公式为：

$$\begin{aligned}V_{挖}&=a^2\cdot\frac{h_2+h_3+h_4}{3}-\left[\frac{1}{3}\times\frac{a^2}{2}(h_1+h_3)-V_{填}\right]\\&=\frac{a^2}{6}(2h_2+h_3+h_4-h_1)+V_{填}\\&=\frac{a^2}{6}\left[2h_2+h_3+h_4-h_1+\frac{h_1^3}{(h_1+h_4)(h_1+h_2)}\right]\end{aligned} \tag{3.6b}$$

③ 当方格两对边有零点，且相邻两点为填方，两点为挖方，底面积为两个梯形时，如图 3-5（c）所示，其计算公式为：

$$V_{填}=\frac{a}{4}(h_1+h_2)\left(\frac{b+c}{2}\right)=\frac{a}{8}(b+c)(h_1+h_2) \tag{3.7}$$

$$V_{挖}=\frac{a}{4}(h_3+h_4)\left(\frac{a-b+a-c}{2}\right)=\frac{a}{8}(2a-b-c)(h_3+h_4) \tag{3.7a}$$

若以施工高程代替 b、c 时则公式为：

$$V_{填}=\frac{a^2}{8}(h_1+h_2)\left(\frac{2h_1h_2+h_1h_3+h_2h_4}{h_1+h_2+h_3+h_4}\right)=\frac{a^2}{4}\cdot\frac{(h_1+h_2)^2}{h_1+h_2+h_3+h_4} \tag{3.7b}$$

$$V_{挖}=\frac{a^2}{8}(h_3+h_4)\left(2a-\frac{2h_3h_4+h_1h_3+h_2h_4}{h_1+h_2+h_3+h_4}\right)=\frac{a_2}{4}\cdot\frac{(h_3+h_4)^2}{h_1+h_2+h_3+h_4} \tag{3.7c}$$

④ 当方格四边都有零点时，则填方为对顶点所组成的两个三角形，中间部分为挖方的六角形面积如图 3-5（d）所示，则：

$$V_{1填}=\frac{a^2h_1^3}{6(h_1+h_4)(h_1+h_2)} \tag{3.8}$$

$$V_{2填}=\frac{a^2h_3^2}{6(h_3+h_4)(h_3+h_2)} \tag{3.8a}$$

$$V_{挖}=\frac{a^2}{6}(2h_2+2h_4-h_3-h_1)+V_{1填}+V_{2填} \tag{3.9}$$

其他尚有零位线通过 h 点及零位线在相邻三边组成两个相邻三角形等图形（图 3-6），按三角形及五角形的各角点的符号在上列公式中变换即可。

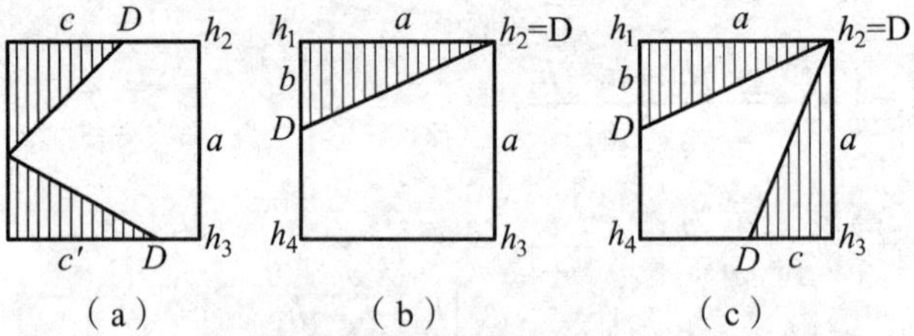

图 3-6　演变的四角棱柱体

常用方格网点挖填土计算公式见表 3-11。

表 3-11　常用方格网点挖填土计算公式

项　目	图　式	计算公式
一点填土方或挖土方（三角形）	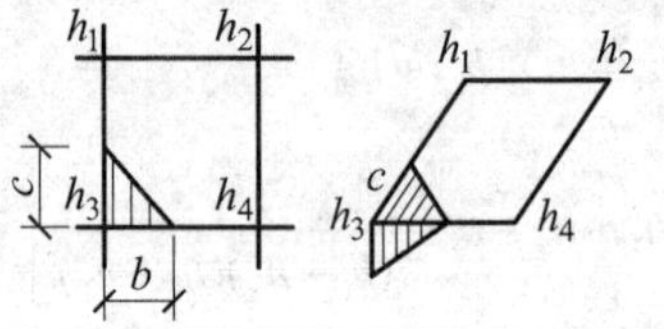	$V=\frac{1}{2}b\cdot c\frac{\sum h}{3}=b\cdot c\cdot h_3$ 当 $b=c=a$，$V=\frac{a_2\cdot h_3}{6}$
二点填土方或挖土方（梯形）	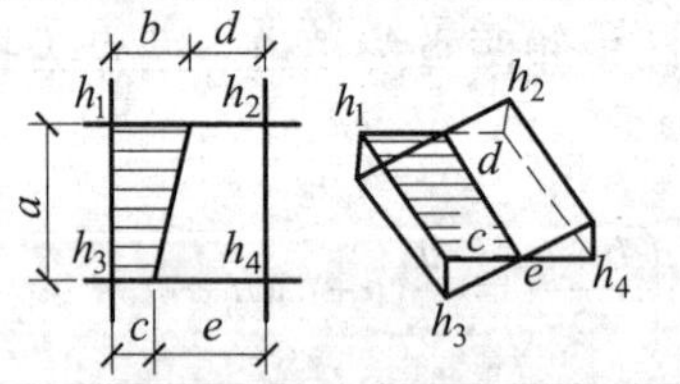	$V_+=\frac{b+c}{2}\cdot a\cdot\frac{\sum h}{4}=\frac{a}{8}(b+c)(h_1+h_3)$ $V_-=\frac{d+e}{2}\cdot a\cdot\frac{\sum h}{4}=\frac{a}{8}(d+e)(h_2+h_4)$
二点填土方或挖土方（五角形）	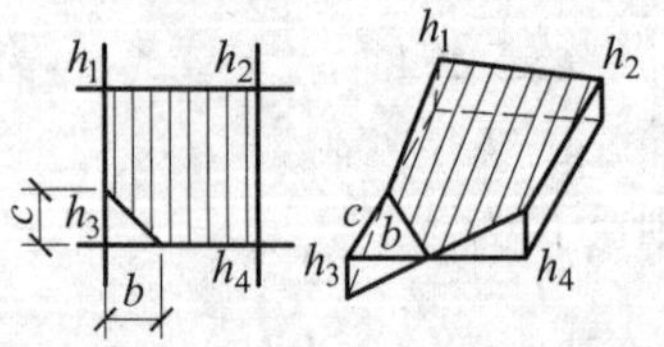	$V=\left(a^2-\frac{b\cdot c}{2}\right)\frac{\sum h}{5}$ $=\left(a^2-\frac{b\cdot c}{2}\right)\frac{h_1+h_2+h_4}{5}$
二点填土方或挖土方（正方形）	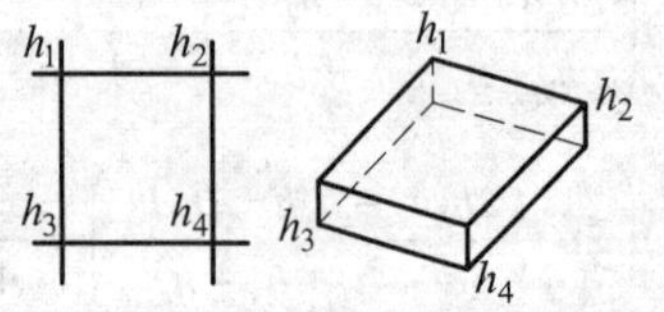	$V=\frac{a^2}{4}\sum h=\frac{a^2}{4}(h_1+h_2+h_3+h_4)$

其中，计算零点边长如图 3-7 所示。

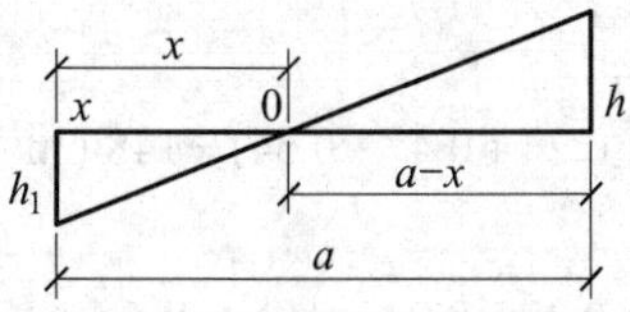

图 3-7　零线边长示意图

计算式：$x=\dfrac{ah_1}{h_1+h_2}$，取绝对值代入计算。

【例 3-1】　如图 3-8 所示，方格网为 20 m × 20 m。计算某工程挖、填方工程量。

【解】　方格 A，图中有零位线通过 h 点及零位线在相邻三边组成一个三角形、一个梯形，如图 3-5（b）所示，a = 20 m，h_1 = − 0.15 m，h_2 = 0.26 m，h_4 = 0.24 m。

代入公式计算得：

$$b=\frac{20\times0.15}{0.15+0.24}=7.7\text{（m）}$$

$$a-b=20-7.7=12.3\text{（m）}$$

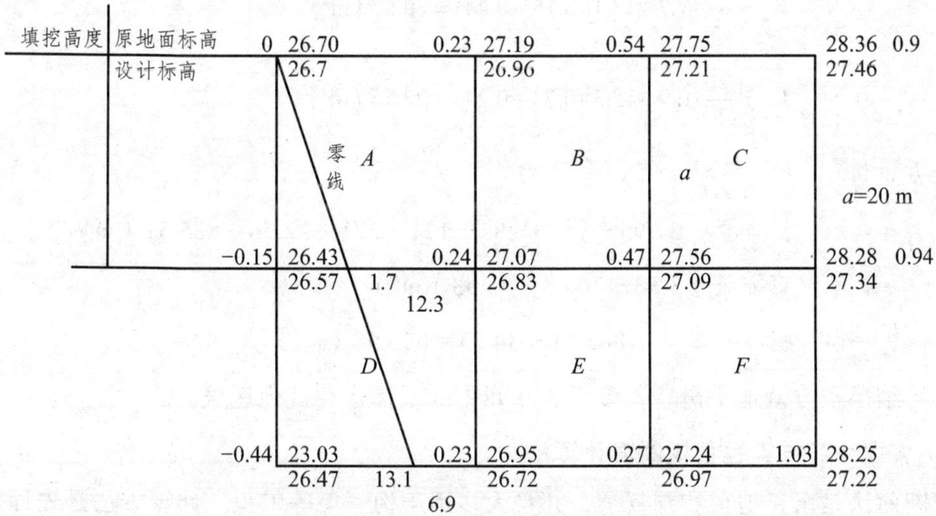

图 3-8　某工程挖、填方方格网

三角形体积代入公式（3.5），其中 c = 20 m，计算得：

$$V_{填}=\frac{h_1}{6}(b\times c)=\frac{0.15}{6}\times7.7\times20=3.85\ (\text{m}^3)$$

梯形体积代入公式（3.7），c = 12.3 m，计算得：

$$V_{挖}=\frac{a}{8}(a+c)(h_3+h_4)=\frac{20}{8}(20+12.3)(0.23+0.24)=37.95\ (\text{m}^3)$$

方格 B、C、E、F 底面为正方形，可代入（3.4）计算：

$$V_{挖}=\frac{a^2}{4}(h_1+h_2+h_3+h_4)=\frac{a^2}{4}\cdot\sum h$$

方格 B：$$V_{挖}=\frac{20^2}{4}(0.23+0.24+0.47+0.54)=148\ (\mathrm{m}^3)$$

方格 C：$$V_{挖}=\frac{20^2}{4}(0.54+0.47+0.94+0.9)=285\ (\mathrm{m}^3)$$

方格 E：$$V_{挖}=\frac{20^2}{4}(0.24+0.23+0.27+0.47)=121\ (\mathrm{m}^3)$$

方格 F：$$V_{挖}=\frac{20^2}{4}(0.47+0.27+1.03+0.94)=271\ (\mathrm{m}^3)$$

方格 D 中有零位线通过及零位线在相邻三边组成两个梯形，其中 $a=20$ m，$h_1=-0.15$ m，$h_2=0.44$ m，$h_3=0.23$ m，$h_4=0.24$ m。

$$x_2=\frac{20\times0.44}{0.44+0.23}=13.1\ (\mathrm{m})$$

$$a-x_2=20-13.1=6.9\ (\mathrm{m})$$

$$V_{填}=\frac{20}{8}(7.7+13.1)(0.15+0.44)=30.68\ (\mathrm{m}^3)$$

$$V_{挖}=\frac{20}{8}(6.9+12.3)(0.23+0.24)=22.56\ (\mathrm{m}^3)$$

土方总量：

挖方量 = 37.95 + 148 + 285 + 121 + 271 + 22.56 = 885.51（m^3）

填方量 = 3.85 + 30.68 = 34.53（m^3）

挖方 − 填方 = 885.51 − 34.53 = 850.98（m^3）

计算结果土方就地平衡后，多余 850.98（m^3）需运往其他区域。

2）大型土石方工程量横断面计算法

横断面法是用于地形特别复杂，并且大多用于沟、渠等工程。计算方法是先计算每个变化点的横断面积，再以两横断面的平均值乘长度即为该段的土方工程量，最后将各段总加成为该工程的全部工程量。

$$V=\frac{F_1+F_2}{2}\cdot L \tag{3.10}$$

式中 V——相邻两断面间的土石方工程量（m^3）；

F_1、F_2——相邻两断面的断面积（m^2）；

L——相邻两断面的距离（m）。

【例 3-2】 设桩号为 0 + 000 的挖方横断面积为 11.523 m^2，填方横断面积为 3.215 m^2，0 + 050 m 的挖方横断面积为 14.812 m^2，填方横断面积为 0.00 m^2，计算挖方和填方工程量。

【解】 $V=1/2(F_1+F_2)L$

$V_{挖}=1/2\times(11.523+14.812)\times50=658.38(m^3)$

$V_{填}=1/2\times(3.215+0.000)\times50=80.38(m^3)$

市政工程大型土石方工程量横断面计算公式及体积计算公式见表3-12、3-13。

表 3-12 土方断面面积计算公式

序号	图示	体积计算式
1	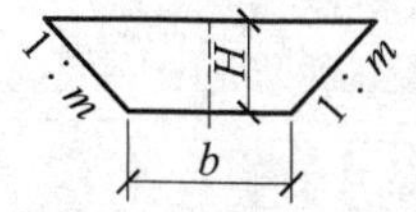	$F=H(b+mH)$
2	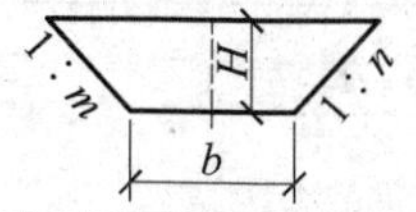	$F=H\left[b+\frac{h(m+n)}{2}\right]$
3	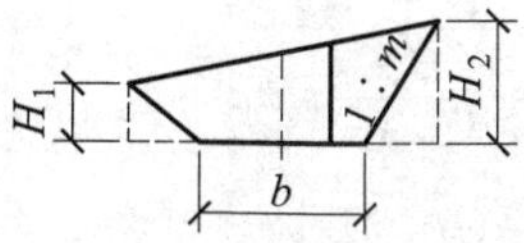	$F=b\frac{H_2+H_2}{2}+mH_1H_2$
4	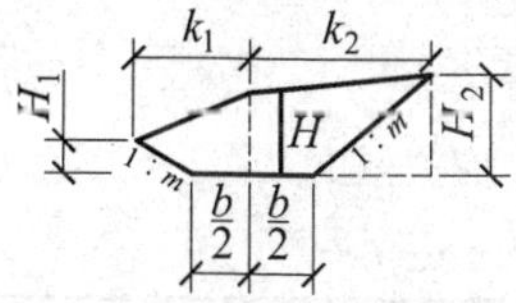	$F=\frac{II(k_1+k_2)+b(II_1+II_2)}{2}$
5	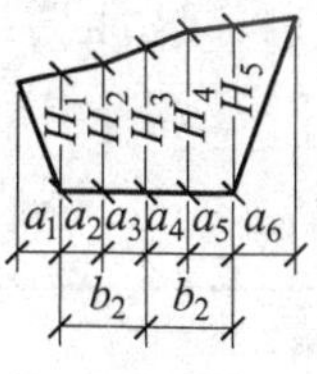	$F=H_1\frac{a_1+a_2}{2}+H_2H_1\frac{a_2+a_3}{2}+H_3\frac{a_3+a_4}{2}+H_4\frac{a_4+a_5}{2}+H_5\frac{a_5+a_6}{2}$

表 3-13 土方体积计算公式

序号	图示	体积计算式
1	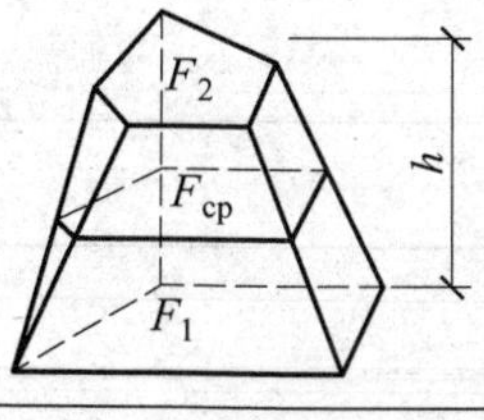	$V=\frac{h}{6}(F_1+F_2+4F_{cp})$
2	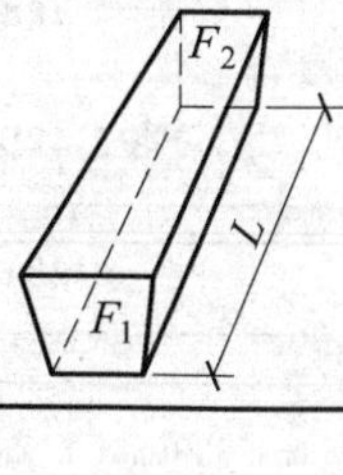	$V=\frac{F_1+F_2}{2}\cdot L$

序号	图示	体积计算式
3	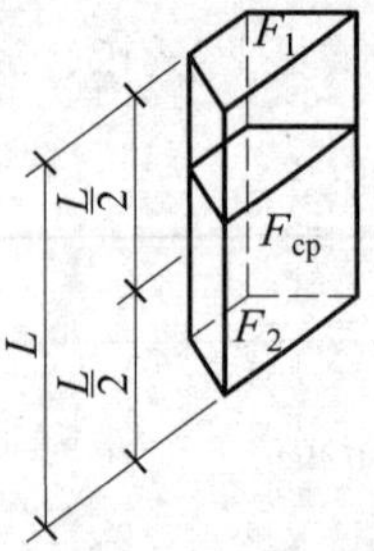	$V=F_{cp}L$
4	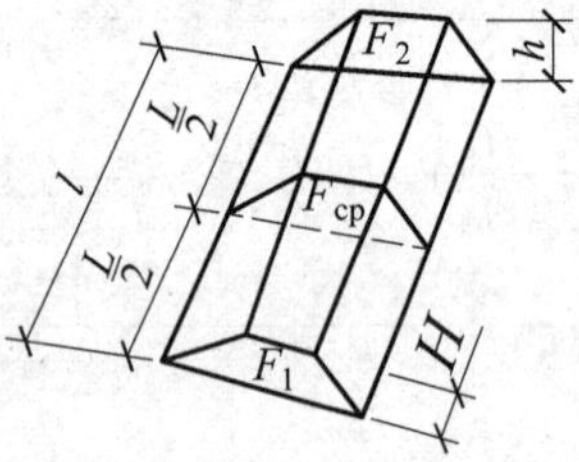	$V=\left[\dfrac{F_1+F_2}{2}-\dfrac{n(H-h)^2}{6}\right]\cdot L$ 若斜坡 $n=1.5$： $V=\left[\dfrac{F_1+F_2}{2}-\left(\dfrac{H-h}{2}\right)^2\right]\cdot L$ $V=\left[F_{cp}+n\dfrac{(H-h)^2}{12}\right]\cdot L$ 若斜坡 $n=1$： $V=\left[F_{cp}+\dfrac{(H-h)^2}{8}\right]\cdot L$

【例 3-3】 某道路工程挖方、填方横断面积数据见表 3-14，试计算挖方和填方工程量。

表 3-14 某道路工程挖方、填方横断面积数据

桩号/m	横断面积/m²	
	填方	挖方
0 + 000	0.000	21.357
0 + 050	0.534	21.357
0 + 100	0.933	27.195
0 + 150	0.000	27.568
0 + 200	0.000	37.484
0 + 250	0.000	32.479
300	0.000	34.962

【解】 计算在表 3-15 中完成。

表 3-15　土方工程量计算表

桩号/m	断面面积/m^3		平均断面面积/m^3		间距/m	土方量/m^3	
	填方	挖方	填方	挖方		填方	挖方
0+000	0.000	21.357					
			0.267	21.357	50	13.35	1 067.85
0+050	0.534	21.357					
			0.734	24.276	50	36.70	1 213.80
0+100	0.933	27.195					
			0.467	27.382	50	23.35	1 369.10
0+150	0.000	27.568					
			0.000	32.526	50	0.00	1 626.30
0+200	0.000	37.484					
			0.000	34.982	50	0.00	1 749.10
0+250	0.000	32.479					
			0.000	33.721	50	0.00	1 686.05
0+300	0.000	34.962					

$$V_{填} = 13.35 + 36.7 + 23.35 = 73.40\ (m^3)$$

$$V_{挖} = 1\,067.85 + 1\,213.80 + 1\,369.10 + 1\,626.30 + 1\,749.10 + 1\,686.05 = 8\,712.20\ (m^3)$$

3. 沟、槽、坑土（石）方挖、填工程量计算方法

沟、槽、坑土（石）方工程量计算方法，是指地沟、地槽、地坑开挖土（石）方工程量计算。但沟、槽、坑开挖工程量应区分建筑物沟、槽、坑工程量和市政工程沟、槽、坑工程量。这是因为由于划分标准及施工方法不同所决定的，如表 3-16 所示。

表 3-16　建筑物与市政工程沟、槽、坑划分标准

分项名称	建筑物工程	市政工程
地沟、地槽	底宽在 3 m 以内，且沟槽长大于沟槽宽 3 倍以上的	底宽 7 m 以内，且底长大于底宽 3 倍以上的
地　坑	基地底面积在 20 m^2 以内的	底长小于底宽 3 倍以下，底面积在 150 m^2 以内的
一般施工方法	人工开挖	机械开挖
一般技术措施	放坡或支护	

为了缩短篇幅和冗长的文字叙述，对于沟、槽、坑等项目土（石）方开挖工程量计算，以其计算公式作以下介绍。

1）地沟、地槽土（石）方计算

（1）不放坡、不增加工作面的计算 [见图 3-9（a）]。

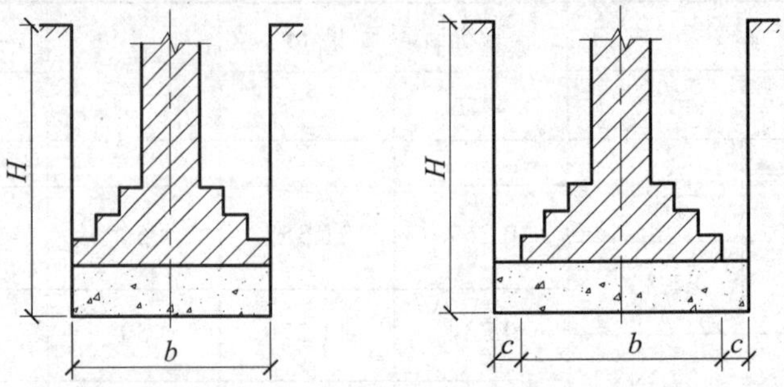

（a）不增加工作面　　（b）增加工作面

图 3-9　地沟（槽）挖土（石）断面图

$$V = L \cdot b \cdot H \tag{3.11}$$

（2）不放坡、增加工作面的计算[见图 3-9（b）]。

$$V = L \cdot (b + 2c) \cdot H \tag{3.12}$$

式中　V——地沟（槽）挖土（石）体积（m^3）；

L——地沟（槽）挖土（石）长度（m）；

b——地沟（槽）挖土（石）宽度（m）；

H——地沟（槽）挖土（石）图示深度（m）；

C——地沟（槽）挖土（石）增加工作面宽度（m）。

基础施工中所需要增加的工作面宽度按表 3-17、表 3-18 规定计算。

表 3-17　基础施工所需工作面宽度

基础材料	每边增加工作面宽度/mm
砖基础	200
浆砌毛石、条石基础	150
混凝土基础垫层支模板	300
混凝土基础支模板	300
基础垂直面做防水层	800（防水层面）

表 3-18　管沟底部每侧工作面宽度

管道结构宽/cm	混凝土管道基础 90°	混凝土管道基础>90°	金属管道	构筑物	
				无防潮层	有防潮层
50 以内	40	40	30	40	60
100 以内	50	50	40		
250 以内	60	50	40		

（3）放坡不支挡土板的计算。

人工挖沟槽及基坑土如果深度较深、土质较差，为了防止坍塌和保证安全，需要将沟槽或基坑边壁修成一定的倾斜坡度，称作放坡。沟槽边坡坡度以挖沟槽或地坑深度“H”与边坡底宽“b”之比表示（图 3-10），即：

$$土方边坡坡度=\frac{H}{b}=\frac{1}{b/h}=1:m \tag{3.13}$$

式中，$m=b/H$ 称之为坡度系数。人工、机械挖土方坡度系数见表 3-19。

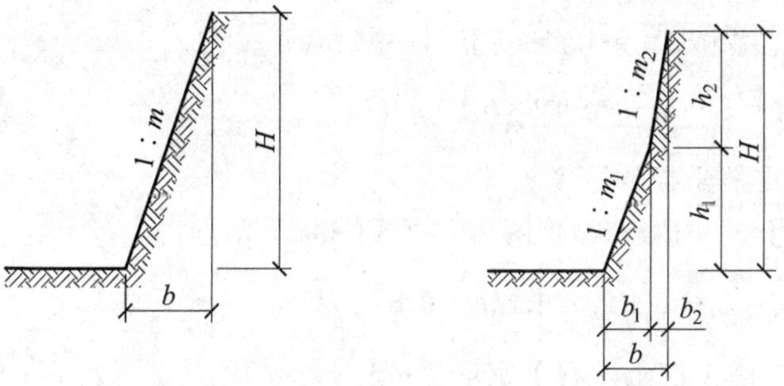

（a）直线形边坡坡度　　（b）折线形边坡坡度

图 3-10　沟（槽）土方边坡示意图

表 3-19　放坡系数表

土壤类别	放坡起点/m	人工挖土	机械挖土	
			在坑内作业	在坑上作业
一、二类土	1.20	1∶0.5	1∶0.33	1∶0.75
三类土	1.50	1∶0.33	1∶0.25	1∶0.67
四类土	2.00	1∶0.25	1∶0.10	1∶0.33

注：① 沟槽、基坑中土的类别不同时，分别按其放坡起点、放坡系数，依不同土的厚度加权平均计算。
② 计算放坡时，在交接处的重复工程量不予扣除，原槽、坑做基础垫层时，放坡自垫层上表面开始计算。

因此，放坡不支挡土板应区分下列两种不同情况分别计算，如图 3-11 所示。

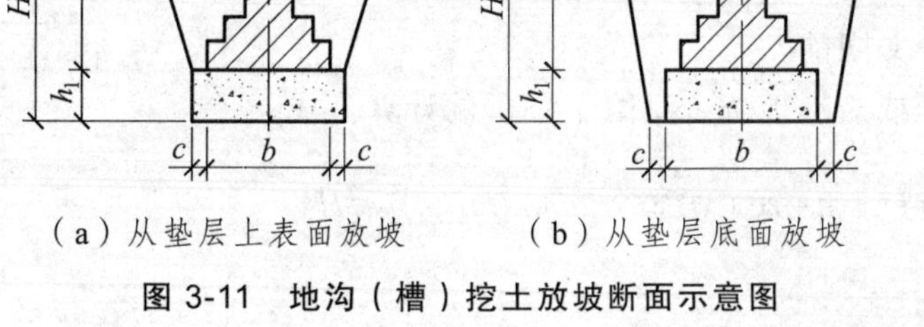

（a）从垫层上表面放坡　　（b）从垫层底面放坡

图 3-11　地沟（槽）挖土放坡断面示意图

① 由垫层上表面放坡时[见图 3-11（a）]的计算公式：

$$V=L\cdot[(b+2c)\cdot h_1+(b+2c+kh_2)\cdot h_2] \tag{3.14}$$

② 由垫层底面放坡时[见图 3-11（b）]的计算公式：

$$V=L\cdot(b+2c+kH)\cdot H \tag{3.15}$$

式中　k——放坡系数（表 3-19）；

h_1——基础垫层厚度（m）；

h_2——地沟（槽）上口面至基础垫层上表面的深度。

（4）两边支挡土板[见图 3-12（a）]的计算公式：

$$V=L\cdot(a+2c+2\times0.1)\cdot H \tag{3.16}$$

式中　0.1——单边支挡土板的厚度（m）。

（5）一边支挡土板一边放坡[见图 3-12（b）]的计算公式：

$$V=L\cdot(a+2c+1/2kh+0.1)\cdot H \tag{3.17}$$

式中　a——地沟（槽）挖土（石）宽度（m）；

$1/2kh$——沟（槽）两边放坡的一半。

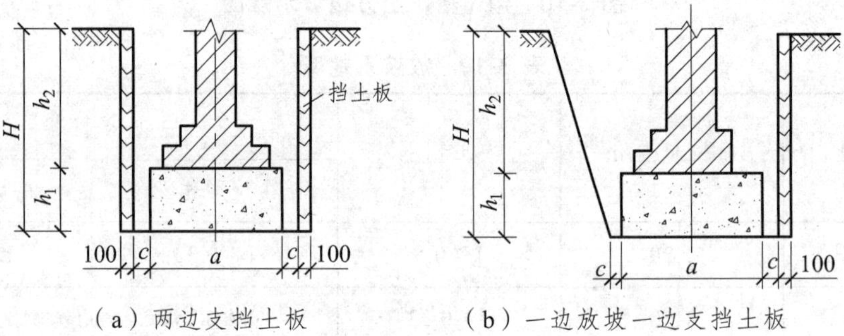

图 3-12　沟（槽）挖土支挡土板与一边放坡示意图

2）地坑、桩孔土（石）方计算

（1）不放坡方形或矩形地坑的计算公式：

$$V=(a+2c)\cdot(b+2c)\cdot H \tag{3.18}$$

式中　a——地坑一边长度（m）；

b——地坑另一边长度或宽度（m）；

c——增加工作面一边宽度（m）；

V、H——含义同前。

（2）放坡方形或矩形地坑（见图 3-13）的计算公式：

$$V=(a+2c+kH)(b+2c+kH)H+\frac{1}{3}k^2H^3 \tag{3.19}$$

式中各量含义同前。

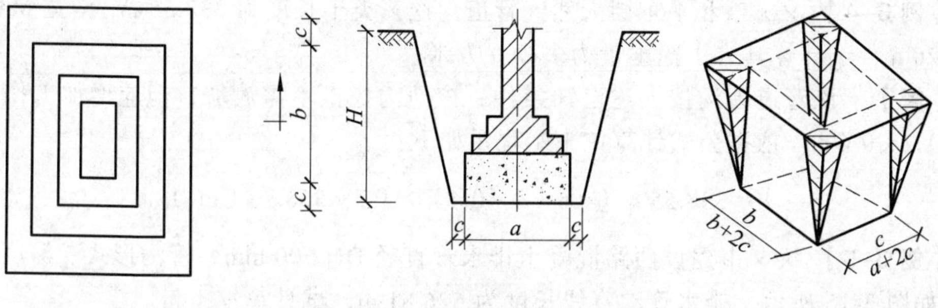

（a）平面图　　（b）剖面图　　（c）锥角透视图

图 3-13　方形或矩形坑挖土示意图

（3）不放坡圆形地坑、桩孔的计算公式：

$$V=\frac{1}{4}\pi D^2H=0.7854D^2H \tag{3.20}$$

$$V=\pi R^2H \tag{3.21}$$

式中　π——圆周率，取 3.141 6；

D——坑、桩底直径（m）；

R——坑、桩底半径（m）。

（4）放坡圆形地坑、桩孔（见图 3-14）的计算公式：

$$V=\frac{1}{3}\pi H(R_1^2+R_2^2+R_1R_2) \tag{3.22}$$

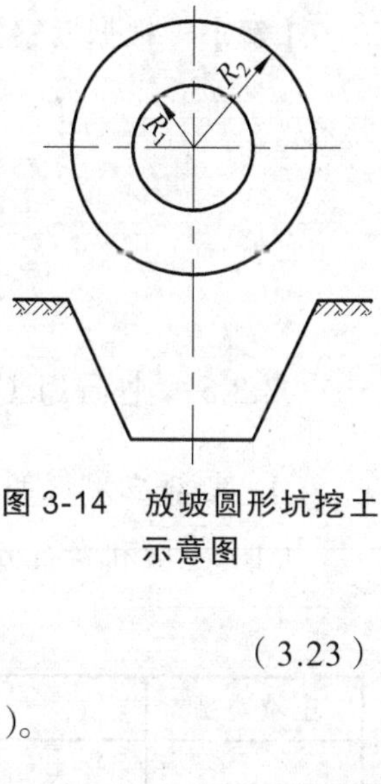

图 3-14　放坡圆形坑挖土示意图

式中　V——挖土体积（m^3）；

H——地坑深度（m）；

R_1——坑底半径（m）；

R_2——坑面半径（m），$R_2=R_1+kH$；

k——放坡系数（见表 3-19）。

3）沟、槽、坑回填土（石）方计算

$$V_{填}=V_{挖}-V_{埋} \tag{3.23}$$

式中　$V_{埋}$——埋入土（石）中的垫层、基础和管道的体积之和（m^3）。

为了简化计算，市政管道回填土应扣体积按表 3-20 数值计算。

表 3-20　管道扣除土方体积表（m^3）

管道名称	管道直径/mm					
	501～600	601～800	801～1 000	1 001～1 200	1 201～1 400	1 401～1 600
钢　管	0.21	0.44	0.71			
铸铁管	0.24	0.49	0.77	1.15	1.35	1.55
混凝土管	0.33	0.60	0.92			

注：管道直径在 500 mm 以下的不扣除管道在占体积。

【例 3-4】 ××市和平东街天然气管道沟挖三类土长度为 338.55 m，沟宽 600 mm，沟深 1.20 m，试计算其人工挖土量为多少立方米。

【解】 该管道地沟按上述已知条件，该地沟挖土不需放坡，但应增加工作面（见表 3-18）2×0.4 m。依据公式计算挖土工程量如下：

$$V=338.55\times（0.6+2\times0.4）\times1.2=568.76（m^3）$$

【例 3-5】 ××市建设西路混凝土排水管直径 DN 500 mm，管沟形式、深度、放坡系数等如图 3-15 所示，排水管沟直线长度为 526.81 m，试计算挖土量。

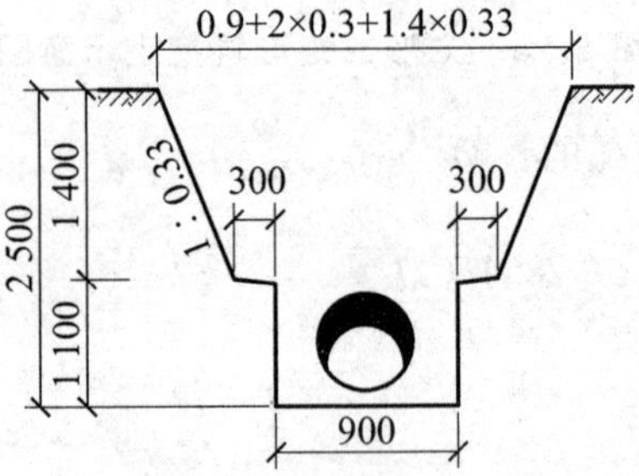

图 3-15 管沟挖土尺寸图

【解】 根据勘察资料该地段为三类土，放坡系数取 0.33，其挖土工程量为：

$$\begin{aligned}V&=526.81\times[0.9\times1.1+（0.9+2\times0.3+1.4\times0.33）\times1.4]\\&=526.81\times（0.99+2.747\ 3）\\&=526.81\times3.74\\&=1\ 970.27（m^3）\end{aligned}$$

3.2.5 土石方工程定额与计价

1. 定额应用说明

（1）土壤和岩石分类。土壤分类见表 3-21，岩石分类见表 3-22。

表 3-21 土壤分类表

土壤类别	土壤名称	开挖方式
一、二类土	粉土、砂土（粉砂、细砂、中砂、粗砂、砾砂）、粉质黏土、弱中盐渍土、软土（淤泥质土、泥炭、泥炭质土）、软塑红黏土、冲填土	用锹，少许用镐、条锄开挖。机械能全部直接铲挖满载者
三类土	黏土、碎石土（圆砾、角砾）混合土、可塑红黏土、硬塑红黏土、强盐渍土、素填土、压实填土	主要用镐、条锄、少许用锹开挖。机械需部分刨松方能铲挖满载者或直接铲挖但不能满载者
四类土	碎石土（卵石、碎石、漂石、块石）、坚硬红黏土、超盐渍土、杂填土	全部用镐、条锄挖掘，少许用撬棍挖掘。机械须普遍刨松方能铲挖满载者

注：本表土的名称及其含义按国家标准《岩土工程勘察规范（2009 年版）》GB 50021—2009 定义。

表 3-22　岩石分类表

<table>
<tr><th colspan="2">岩石分类</th><th>代表性岩石</th><th>饱和单轴抗压强度</th><th>开挖方式</th></tr>
<tr><td colspan="2">极软岩</td><td>1. 全风化的各种岩石
2. 各种半成岩</td><td>$f_r \leqslant 5$</td><td>部分用镐、条锄、手凿工具，部分用爆破法开挖</td></tr>
<tr><td rowspan="2">软质岩</td><td>软岩</td><td>1. 强风化的坚硬岩或较硬岩
2. 中等风化—强风化的较软岩
3. 未风化—微风化的页岩、泥岩、泥质砂岩</td><td>$15 \geqslant f_r > 5$</td><td>用风镐和爆破法开挖</td></tr>
<tr><td>较软岩</td><td>1. 中等风化—强风化的坚硬岩或较硬岩
2. 未风化—微风化的凝灰岩、千枚岩、泥灰岩、砂质泥岩</td><td>$30 \geqslant f_r > 15$</td><td>用风镐和爆破法开挖</td></tr>
<tr><td rowspan="2">硬质岩</td><td>较硬岩</td><td>1. 微风化的坚硬岩
2. 未风化—微风化的大理岩、板岩、石灰岩、白云岩、钙质砂岩</td><td>$60 \geqslant f_r > 30$</td><td>用爆破法开挖</td></tr>
<tr><td>坚硬岩</td><td>未风化—微风化的花岗岩、闪长岩、辉绿岩、玄武岩、安山岩、片麻岩、石英岩、石英砂岩、硅质砾岩、硅质石灰岩</td><td>$f_r > 60$</td><td>用爆破法开挖</td></tr>
</table>

（2）干、湿土的划分，首先应以地质勘察资料为准，含水率≤25%为干土，含水率>25%为湿土；或以地下常水位为准，常水位以上为干土，以下为湿土。挖湿土时，人工乘以系数 1.18，机械乘以系数 1.15，干、湿土工程量分别计算。采用井点降水的土方应按干土计算。

（3）挖土机在垫层上作业，人工和机械乘以系数 1.25，搭设垫板的人工、材料和辅机摊费按实际计算。

（4）推土机推土或铲运机铲土的平均厚度小于 30 cm，其推土机台班乘以 1.25 系数，铲运机台班乘以 1.17 系数。

（5）在支撑下挖土，按实挖体积人工系数 1.43，机械乘以系数 1.20。先开挖后支撑的不属支撑下挖土。

（6）机械垂直运输土方的最大垂直运输高度为 15 m，运出塔架上部水平运距 20 m 以内。

（7）土石方运距应以挖土重心至填土重心或弃土重心最近距离计算，挖土重心、填土重心、弃土重心按施工组织设计确定。如遇下列情况应增加运距：

① 人力及人力车运土、石方上坡坡度在 15%以上，推土机、铲运机重车上坡坡度大于 5%，斜道运距按斜道长度乘以表 3-23 中系数计算。

表 3-23　斜道长度折算系数

项　目	推土机、铲运机				人力及人力车
坡度/%	5～10	15 以内	20 以内	25 以内	15 以上
系数	1.75	2	2.25	2.5	5

② 拖式铲运机加 45 m 转向距离。

（8）定额除人工挖土方外均按三类土编制，如实际是一、二、四类土时，分别按三类土相应定额子目中的人工或机械乘以表 3-24 中系数计算。

表 3-24 土壤类别系数

项 目	计算系数	一、二类土	四类土
人工土方	人工	0.60	1.45
机械土方	机械	0.84	1.18

（9）机械挖土中人工辅助开挖（包括死角、修边、清底等）工程量，可按施工组织设计规定计算。如无规定时，挖土方工程量小于 10^4 m^3 时，按机械挖土方 90%，人工挖土方 10%计算：挖土方工程量在 10^4 m^3 以上时按机械挖土方 95%，人工挖土方 5%计算。人工挖土方部分按相应定额项目人工乘以系数 1.5。

2. **道路土方工程计价**

【例 3–6】 某道路工程，长 100 m，人行道宽 6 m，非机动车道宽 12 m，机动车道宽 24 m，非机动车道与机动车道间的绿化带宽 2 m，机动车道与机动车道间的绿化带宽 4 m，横断面如图 3-16 所示。

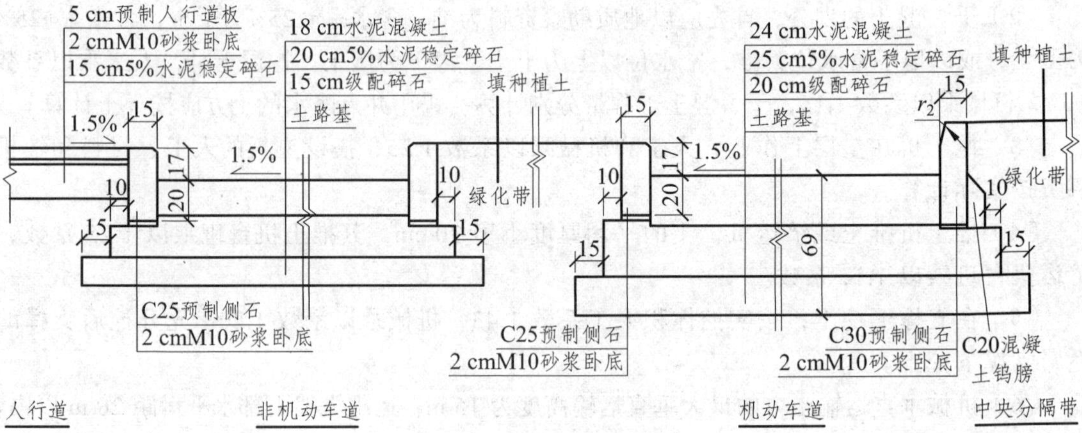

图 3-16 某道路横断面图

（1）计算该道路的土方开挖工程量（假定自然地坪标高与人行道面层标高一致）。

（2）套用《全国统一市政工程预算定额》计算该道路的土方工程的直接工程费（即人材机费），人材机单价均同定额单价。

【解】 （1）土方开挖工程量计算。

非机动车道挖土：V_1 =（12.0 + 0.4 × 2）× 100 × 0.7 × 2 = 1 792.00（m^3）

机动车道挖土：V_2 =（24.0 + 0.4 + 0.5）× 100 × 0.86 × 2 = 4 282.80（m^3）

人行道挖土：V_3 =（6.0 – 0.4）× 100 × 0.22 × 2 = 246.40.00（m^3）

土方开挖：$V = V_1 + V_2 + V_3$ = 1 792.00 + 4 282.80 + 246.40 = 6 321.20（m^3）

（2）土方开挖施工方案。

90%的土方采用正铲挖掘机（三类土）开挖并装车，工程量为：

6 321.20×90% = 5 689.09（m^3）

10%的土方（三类土，2 m 以内）采用人工开挖，工程量为：

$$6\,321.20\times 10\% = 632.12\ (\text{m}^3)$$

人工挖出的土方采用装载机装车（三类土）：632.12 m^3。

全部挖出的土方采用自卸汽车（载重 15 t，运 15 km）：6 321.20 m^3。

（3）定额选用。

适合上述施工方案的预算定额如表 3-25 所示。

表 3-25 部分预算定额摘录

定额编号				1-2	1-225	1-257	1-326
项目				人工挖土方	正铲挖掘机	装载机	自卸汽车
				三类土	斗容量 1 m^3	斗容量 1 m^3	16 km 内
计量单位				100 m^3	1 000 m^3	1 000 m^3	1 000 m^3
基价/元				733.87	2 514.91	1 083.56	23 539.35
其中	人工费/元			733.87	134.82	134.82	
	材料费/元						5.40
	机械费/元				2380.09	948.74	23533.95
名称		单位	单价（元）	数量			
人工	综合人工	工日	22.47	32.66	6.00	6.00	
材料	水	m^3	0.45				12.00
机械	履带式单斗挖掘机	台班	662.31		2.24		
	履带式推土机 75 kW	台班	443.82		2.02		
	轮胎式装载机 1 m^3	台班	337.63			2.81	
	自卸汽车 15 t	台班	710.52				32.90
	洒水汽车 400 L	台班	263.07				0.60

（4）直接工程费计算。

直接工程费计算在直接工程费计算表中完成，如表 3-26 所示。

表 3-26 直接工程费计算表

序号	定额编号	项目名称	单位	工程量	单价/元				合价/元			
					人工费	材料费	机械费	小计	人工费	材料费	机械费	小计
1	1-2×1.5	人工挖土方	100 m^3	6.32	1 100.81			1 100.81	6 957.09			6 957.09
2	1-225	正铲挖掘机	1 000 m^3	5.69	134.82		2 380.09	2 514.91	767.13		13 542.71	14 309.84
3	1-257	装载机	1 000 m^3	6.32	134.82		948.74	1 083.56	84.94		597.71	682.64
4	1-326	自卸汽车	1 000 m^3	0.63		5.40	23 533.95	23 539.35		34.13	148 734.56	148 768.69
合计									7 809.16	34.13	162 874.98	170 718.26

【例 3-7】 表 3-27 中的单价是某地前几年的定额单价，已知现行的人工工日单价 60 元/工日，柴油单价 8 元/kg，水单价 2 元/m^3，求表中机械现在的台班单价。

表 3-27 某地机械费单价组成表（换价前）

机械名称	规格型号	台班价	费用组成内容				人工工日	柴油
			折旧及大修理费等	人工费	燃料动力费	其他费	24.75	3.00
		元	元	元	元	元	工日	kg
履带式单斗挖掘机	斗容量 1 m^3	620.96	375.48	56.48	189.00	0	2	63.0
履带式推土机	功率 75 kW	367.94	144.12	62.12	161.70	0	2	53.9
轮胎式装载机	斗容量 1 m^3	276.69	87.53	31.06	158.10	0	1	52.7
自卸汽车	载重 15 t	461.17	149.23	28.24	158.70	125	1	52.9

【解】

履带式单斗挖掘机台班单价：

$$375.48+\frac{56.48}{24.75}\times 60+\frac{189.00}{3.00}\times 8.00+0=1\,016.40\ (\text{元/台班})$$

履带式推土：

$$144.12+\frac{62.12}{24.75}\times 60+\frac{161.70}{3.00}\times 8.00+0=725.91\ (\text{元/台班})$$

机轮胎式装载机：

$$87.53+\frac{31.06}{24.75}\times 60+\frac{158.10}{3.00}\times 8.00+0=584.43\ (\text{元/台班})$$

自卸汽车：

$$149.23+\frac{28.24}{24.75}\times 60+\frac{158.70}{3.00}\times 8.00+125.00=765.89\ (\text{元/台班})$$

结果见表 3-28。

表 3-28 某地机械费单价组成表（换价后）

机械名称	规格型号	台班价	费用组成内容				人工工日	柴油
			折旧及大修理费等	人工费	燃料动力费	其他费	60.00	8.00
		元	元	元	元	元	工日	kg
履带式单斗挖掘机	斗容量 1 m^3	1 016.40	375.48	136.92	504.00	0	2	63
履带式推土机	功率 75 kW	725.91	144.12	150.59	431.20	0	2	53.9
轮胎式装载机	斗容量 1 m^3	584.43	87.53	75.30	421.60	0	1	52.7
自卸汽车	载重 15 t	765.89	149.23	68.46	423.20	125	1	52.9

3. 雨水管道土方工程计价

【例 3-8】 某工程雨水管道纵断面图、雨水检查井断面图、管基断面图如图 3-17～图 3-19 所示，钢筋混凝土管 120°混凝土基础见表 3-29，求该雨水管工程的土方量（该管道选用 $D=400$）。

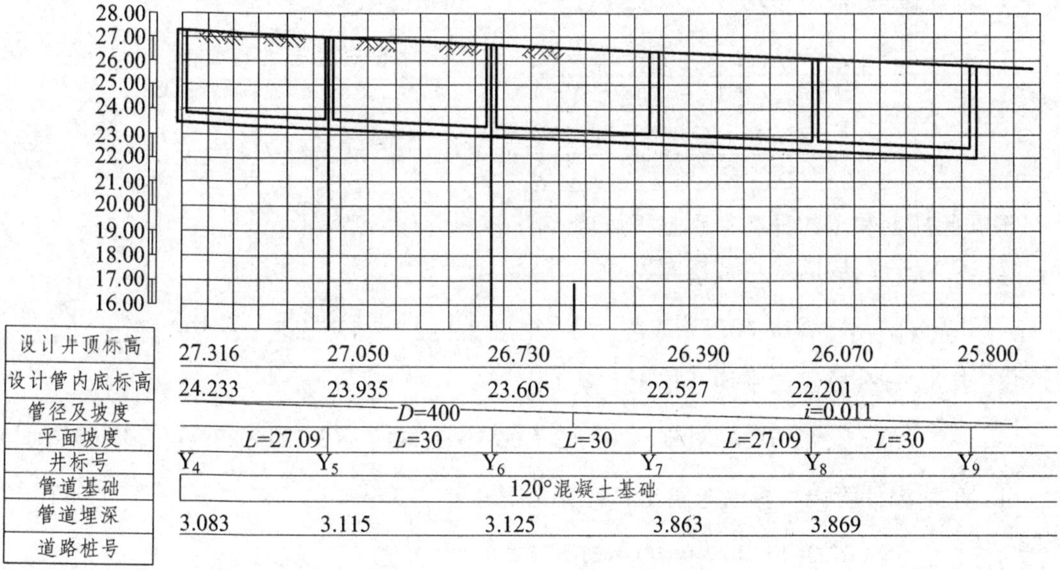

图 3-17 某工程雨水管道纵断面图

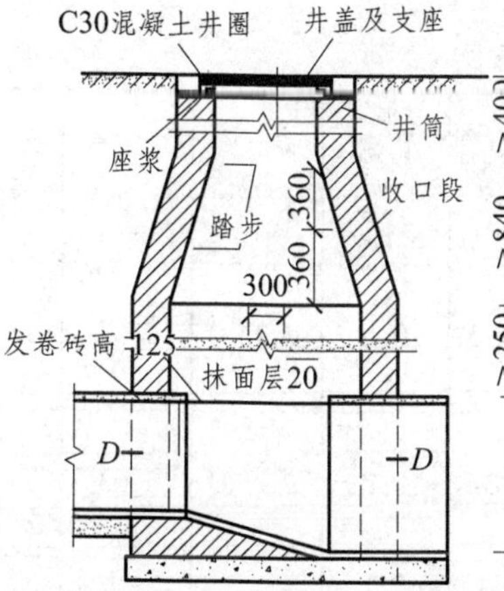

图 3-18 ϕ1000 圆形砖砌雨水检查井（收口式）断面图

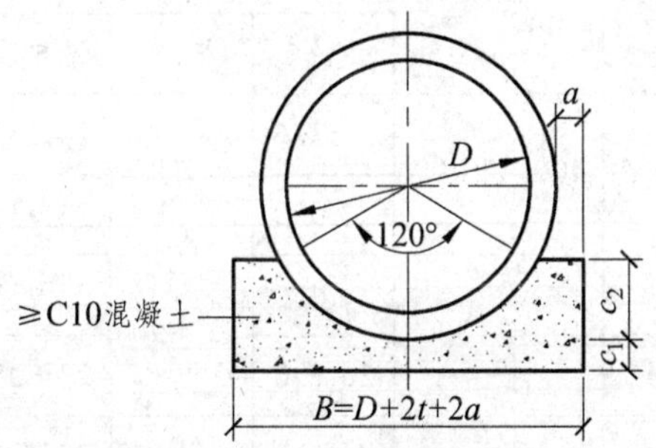

图 3-19 管基断面图

表 3-29 钢筋混凝土管 120°混凝土基础（单位：mm）

管径 D	管壁厚 t	管基宽 B	管基厚 C_1	管基厚 C_2
300	30	520	100	90
400	35	630	100	118
500	42	744	100	146
600	50	900	100	175

【解】

（1）挖土工程量计算。

检查井把管道分为5段，求出每一段的土方量，汇总即可。

以 Y_4—Y_5段为例：

① 求 Y_4—Y_5段的平均开挖深度 h（三类土，机械挖土）。

$$h=\text{该段自然地面平均高程}-\text{该段设计管内底平均高程}+\text{管道壁厚}+\text{基础加深}$$
$$=\frac{27.316+27.050}{2}-\frac{24.233+23.935}{2}+0.035+0.1=3.234\ (\text{m})$$

根据此高度和土的种类判别是否放坡。

② 求 Y_4—Y_5段的平均开挖宽度 a：

$$a=\text{管道结构宽}（B）+\text{工作面}=0.63+2\times0.50=1.63（\text{m}）$$

③ 求 Y_4—Y_5段段的平均开挖土方量 V：

$$V=（a+kh）hL=（1.63+0.67\times3.234）\times3.234\times27.09=332.63（\text{m}^3）$$

④ Y_9处设计管内底标高未给出，计算如下：

$$22.201-30\times0.011=21.871（\text{m}）$$

⑤ 土方量计算表见表3-30。

表3-30 土方量计算表

管沟段	管径/mm	沟长	原地面高程/m		设计管内底标高/m		壁厚 t/m	基础加深/m	平均深度 h/m	开挖宽度 a/m	土方量/m^3
			地面	平均	管内底	平均					
Y_4—Y_5	400	27.09	27.316 27.050	27.183	24.233 23.935	24.084	0.035	0.1	3.234	1.63	332.63
Y_5—Y_6	400	30	27.050 26.730	26.890	23.935 23.605	23.770	0.035	0.1	3.255	1.63	372.13
Y_6—Y_7	400	30	26.730 26.390	26.560	23.605 25.527	23.066	0.035	0.1	3.629	1.63	442.17
Y_7—Y_8	400	29.92	26.390 26.070	26.230	25.527 22.201	22.364	0.035	0.1	4.001	1.63	516.03
Y_8—Y_9	400	30	26.070 25.800	25.935	22.201 21.871	22.036	0.035	0.1	4.034	1.63	524.35
合计											2 187.31

沿线各种井室、管道作业接口坑挖土方按沟槽全部土石方量的2.5%计算，则有：

$$V_{总} = 2\,187.31 \times (1 + 2.5\%) = 2\,241.996\ (m^3)$$

其中，机械完成90%：$2\,241.996 \times 90\% = 2\,017.796\ (m^3)$

人工完成10%：$2\,241.996 \times 10\% = 224.20\ (m^3)$

（2）填土工程量计算。

假设地坪标高与设计井顶标高一致：

$$V_{填} = V_{挖} - (管基体积 + 管道体积 + 检查井体积 + 检查井垫层体积)$$

① 管基体积：V_1 = 管基断面面积（S）× 管沟长（L）

根据图3-19和表3-29所示，$R = 0.235$ m，则：

$$S = 0.63 \times (0.1 + 0.118) - (扇形面积 - 三角形面积)$$

$$= 0.63 \times 0.218 - \left[\frac{3.141\,6 \times 0.235^2}{360} \times 120 - \frac{1}{2} \times 0.235^2 \times \sin 120°\right] = 0.103\ (m^2)$$

$$L = 27.09 + 30 + 30 + 29.92 + 30 - 5 = 142.01\ (m)$$

$$V_1 = 0.103 \times 142.01 = 14.687\ (m^3)$$

② 管道体积：

$$V_2 = 管道断面面积(S) \times 管沟长(L)$$

$$= 3.141\,6 \times 0.235^2 \times 142.01 = 24.638\ (m^3)$$

③ 检查井体积：

Y_4检查井的井深：$27.316 - 24.233 + 0.035 + 0.1 = 3.128$（m）

Y_5检查井的井深：$27.05 - 23.935 + 0.035 + 0.1 = 3.25$（m）

Y_6检查井的井深：$26.73 - 23.605 + 0.035 + 0.1 = 3.26$（m）

Y_7检查井的井深：$26.39 - 22.527 + 0.035 + 0.1 = 3.998$（m）

Y_8检查井的井深：$26.07 - 22.201 + 0.035 + 0.1 = 4.004$（m）

Y_9检查井的井深：$25.8 - 21.871 + 0.035 + 0.1 = 4.064$（m）

检查井的平均井深 $(3.128 + 3.25 + 3.26 + 3.998 + 4.004 + 4.064) \div 6$

$= 3.617$（m）

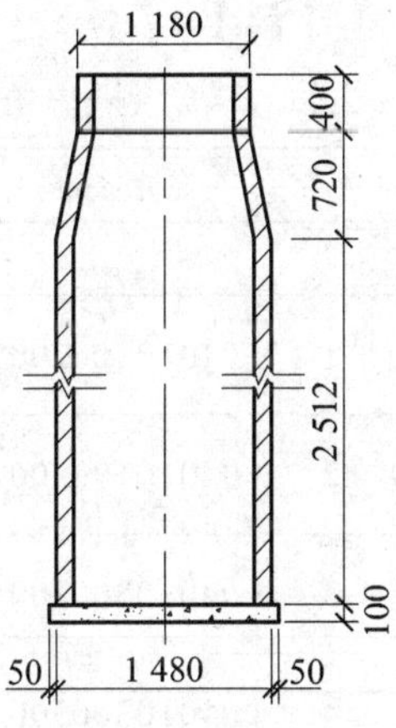

图3-20　检查井尺寸

检查井尺寸如图3-20所示。

$$V_3 = \frac{1}{4} \times 3.141\,6 \times \left(1.18^2 \times 0.4 + \frac{1.18^2 + 1.48^2}{2} \times 0.72 + 1.48^2 \times 2.512\right) \times 5$$

$$= 28.845\ (m^3)$$

④ 检查井垫层体积：

$$V_4 = 1/4 \times 3.141\,6 \times 1.58^2 \times 0.1 \times 5 = 0.98\ (m^3)$$

⑤ 回填土的体积：

$$V_{填} = 2\,187.31 - (14.687 + 24.638 + 28.845 + 0.98) = 2\,118.16\ (m^3)$$

（3）缺方运土体积。

$$V_{缺} = V_{填} \times 1.15 - V_{挖} = 2\,118.16 \times 1.15 - 2\,187.31 = 248.571\ (m^3)$$

土方工程量汇总见表 3-31。

表 3-31　某雨水管道土方工程项目汇总

序号	项目名称	单位	工程量	建议施工方式	套用定额编号
1	人工挖沟槽三类土，4 m 以内	m^3	224.20	10%人工开挖	1-9×1.5
2	挖掘机挖三类土，不装车	m^3	2 017.796	反铲挖掘机开挖	1-228 1-234 1-240
3	挖掘机挖三类土，装车	m^3	248.571	反铲挖掘机开挖	1-231 1-237 1-243
4	人工填土夯实（槽\坑）	m^3	2 118.16	人工回填、夯土	1-56
5	自卸汽车运土，16 km 内	m^3	248.571	自卸汽车运	1-276 1-286 1-296

【例 3–9】　某工程计算得到的土方工程数据见表 3-32，采用清单计价法计算某雨水管道土方工程部分的建安工程造价。

设定条件：施工地点在某市区，道路原为土路，埋管完成后加铺混凝土路面。

人工单价为 60.00 元/工日，水单价为 2.00 元/ m^3，机械台班单价可用表 3-29 换算后的单价，部分定额单价可用表 3-28 换算后的单价。

措施费考虑可能发生的情况计算安全文明施工费、测量放线费、大型机械设备进出场费（各种土石方工程机械仅考虑 1 台）、现场玻璃钢施工围栏费、行车行人干扰措施增加费。

【解】（1）土方部分工程量清单编制（见表 3-32）。

表 3-32　土方部分工程量清单

序号	项目编码	项目名称	项目特征描述	计量单位	工程量
一、管沟土石方工程					
1	040101002001	挖沟槽土方（人工）	（1）土壤类别：三类土 （2）挖土深度：4 m	m^3	183.95
2	040101002002	挖沟槽土方（机械）	（1）土壤类别：三类土 （2）挖土深度：4 m	m^3	1 655.543
3	040103001001	填方（人工）	（1）填方材料品种：三类土 （2）密实度：0.95	m^3	1 722.308
4	040103003001	缺方运土	（1）废弃料品种：三类土 （2）运距：16 km	m^3	141.161

（2）清单项与定额项的对应关系（见表 3-33）。

表 3-33　清单项与定额项的对应关系

清单项目					对应定额项目				
序	项目编码	项目名称	计量单位	工程量	序	定额编码	项目名称	计量单位	工程量
1	040101002001	挖沟槽土方	m^3	183.95	1	1-9×1.5	人工挖沟槽土方	100 m^3	183.95
2	040101002002	挖沟槽土方	m^3	1 655.543	1	1-234	反铲挖掘机（不装车	1 000 m^3	1 655.543
3	040103001001	填方	m^3	1 722.308	1	1-56	人工沟槽填土夯实	100 m^3	1 722.308
4	040103003001	缺方运土	m^3	141.161	1	1-237	反铲挖掘机（装车）	1 000 m^3	141.161
					3	1-326	自卸汽车运土 16 km	1 000 m^3	141.161

（3）分部分项工程量清单综合单价分析计算（见表 3-34 ~ 表 3-37）。

表 3-34　分部分项工程量清单综合单价分析表（一）

细目编码		040101002001		细目名称			挖沟槽土方		计量单位		m³	
清单综合单价组成明细												
定额编号	定额名称	定额单位	数量	单价/元			合价/元					
				人工费	材料费	机械费	人工费	材料费	机械费	管理费	利润	风险费
1-9×1.5	人工挖沟槽土方	100 m³	0.015 0	4 119.60	0.00	0	61.79	0.00	0.00	17.30	9.27	
人工单价		小计					61.79	0.00	0.00	17.30	9.27	
60.00 元/工日		未计价材料费										
清单项目综合单价							88.26					
材料费明细	主要材料名称、规格、型号			单位	数量		单价/元		合价/元	暂估单价/元	暂估合价/元	
	其他材料费											
	材料费小计											

表 3-35 分部分项工程量清单综合单价分析表（二）

<table>
<tr><td colspan="2">细目编码</td><td colspan="3">040101002002</td><td colspan="2">细目名称</td><td colspan="2">挖沟槽土方</td><td colspan="2">计量单位</td><td colspan="2">m³</td></tr>
<tr><td colspan="13">清单综合单价组成明细</td></tr>
<tr><td rowspan="2">定额编号</td><td rowspan="2">定额名称</td><td rowspan="2">定额单位</td><td rowspan="2">数量</td><td colspan="3">单价/元</td><td colspan="6">合价/元</td></tr>
<tr><td>人工费</td><td>材料费</td><td>机械费</td><td>人工费</td><td>材料费</td><td>机械费</td><td>管理费</td><td>利润</td><td>风险费</td></tr>
<tr><td>1-234</td><td>反铲挖掘机（不装车）</td><td>1 000 m³</td><td>0.001 0</td><td>360.00</td><td>0</td><td>1 766.74</td><td>0.36</td><td>0</td><td>1.77</td><td>0.14</td><td>0.08</td><td></td></tr>
<tr><td colspan="2">人工单价</td><td colspan="5">小计</td><td>0.36</td><td>0.00</td><td>1.77</td><td>0.14</td><td>0.08</td><td></td></tr>
<tr><td colspan="2">60.00 元/工日</td><td colspan="5">未计价材料费</td><td colspan="6"></td></tr>
<tr><td colspan="7">清单项目综合单价</td><td colspan="6">2.35</td></tr>
<tr><td rowspan="5">材料费明细</td><td colspan="4">主要材料名称、规格、型号</td><td>单位</td><td>数量</td><td colspan="2">单价/元</td><td>合价/元</td><td colspan="2">暂估单价/元</td><td>暂估合价/元</td></tr>
<tr><td colspan="4"></td><td></td><td></td><td colspan="2"></td><td></td><td colspan="2"></td><td></td></tr>
<tr><td colspan="4"></td><td></td><td></td><td colspan="2"></td><td></td><td colspan="2"></td><td></td></tr>
<tr><td colspan="6">其他材料费</td><td colspan="2"></td><td></td><td colspan="2"></td><td></td></tr>
<tr><td colspan="6">材料费小计</td><td colspan="2"></td><td></td><td colspan="2"></td><td></td></tr>
</table>

表 3-36　分部分项工程量清单综合单价分析表（三）

<table>
<tr><td colspan="2">细目编码</td><td colspan="3">040103001001</td><td colspan="2">细目名称</td><td colspan="2">填方</td><td colspan="2">计量单位</td><td colspan="2">m^3</td></tr>
<tr><td colspan="13">清单综合单价组成明细</td></tr>
<tr><td rowspan="2">定额编号</td><td rowspan="2">定额名称</td><td rowspan="2">定额单位</td><td rowspan="2">数量</td><td colspan="3">单价/元</td><td colspan="6">合价/元</td></tr>
<tr><td>人工费</td><td>材料费</td><td>机械费</td><td>人工费</td><td>材料费</td><td>机械费</td><td>管理费</td><td>利润</td><td>风险费</td></tr>
<tr><td>1-56</td><td>人工槽填土夯实</td><td>100 m^3</td><td>0.010 0</td><td>2 380.80</td><td>3.10</td><td>0</td><td>23.81</td><td>0.03</td><td>0.00</td><td>6.67</td><td>3.57</td><td></td></tr>
<tr><td colspan="2">人工单价</td><td colspan="5">小计</td><td>23.81</td><td>0.03</td><td>0.00</td><td>6.67</td><td>3.57</td><td></td></tr>
<tr><td colspan="2">60.00 元/工日</td><td colspan="5">未计价材料费</td><td colspan="6"></td></tr>
<tr><td colspan="7">清单项目综合单价</td><td colspan="6">34.08</td></tr>
<tr><td rowspan="5">材料费明细</td><td colspan="4">主要材料名称、规格、型号</td><td>单位</td><td>数量</td><td colspan="2">单价/元</td><td>合价/元</td><td colspan="2">暂估单价/元</td><td>暂估合价/元</td></tr>
<tr><td colspan="4">水</td><td>m^3</td><td>0.015 5</td><td colspan="2">2.00</td><td>0.03</td><td colspan="2"></td><td></td></tr>
<tr><td colspan="4"></td><td></td><td></td><td colspan="2"></td><td></td><td colspan="2"></td><td></td></tr>
<tr><td colspan="6">其他材料费</td><td colspan="2"></td><td>0.00</td><td colspan="2"></td><td></td></tr>
<tr><td colspan="6">材料费小计</td><td colspan="2"></td><td>0.03</td><td colspan="2"></td><td></td></tr>
</table>

表 3-37 分部分项工程量清单综合单价分析表（四）

细目编码		040103003001			细目名称		填方		计量单位		m³	
清单综合单价组成明细												
定额编号	定额名称	定额单位	数量	单价/元			合价/元					
				人工费	材料费	机械费	人工费	材料费	机械费	管理费	利润	风险费
1-237	反铲挖掘机（装车）	1 000 m³	0.001 0	360.00	0.00	3 068.01	0.36	0.00	3.07	0.17	0.09	
1-326	自卸汽车运土 16 km	1 000 m³	0.001 0	0.00	24.00	23 533.95	0.00	0.02	23.53	0.53	0.28	
人工单价		小计					0.36	0.02	26.60	0.70	0.37	
60.00 元/工日		未计价材料费										
清单项目综合单价							28.05					
材料费明细	主要材料名称、规格、型号				单位	数量	单价/元		合价/元	暂估单价/元		暂估合价/元
	水				m³	0.012 0	2.00		0.02			
	其他材料费								0.00			
	材料费小计								0.02			

（4）分部分项工程费计算（见表 3-38）。

表 3-38　分部分项工程清单计价表

序号	项目编码	项目名称	计量单位	工程量	金额/元				
					综合单价	合价	其中		
							人工费	机械费	暂估价
1	040101002001	挖沟槽土方	m^3	183.95	88.36	16 253.82	11 366.27		
2	040101002002	挖沟槽土方	m^3	1 655.54	2.35	3 890.52	596.00	2 930.31	
3	040103001001	填方	m^3	1 722.31	34.08	58 696.32	41 008.15		
4	040103003001	缺方运土	m^3	141.16	28.05	3 959.54	50.82	3 754.88	
合　计						82 800.20	53 021.24	6 685.19	

（5）措施费计算（见表 3-39～表 3-41）。

表 3-39　相关措施项目的人、材、机单价

定额编号		C0401027	Ct020	Ct021
项　目		封闭式玻璃钢施工护栏（砖基础、高 2.5 m）	履带式挖掘机（1 m^3）以内	履带式推土机（90 kW）以内
		10 m	台次	台次
基价/元		1 293.99	3 105.96	2 290.07
其中	人工费/元	103.70	720.00	360.00
	材料费/元	1 190.29	122.90	161.18
	机械费/元		2 263.06	1 768.89

表 3-40　措施项目费分析表

序号	措施项目名称	计量单位	工程量	金额/元					
				人工费	材料费	机械费	管理费＋利润	风险费	小计
1	大型机械设备进出场费	项	1	1 080.00	284.08	4 031.95			5 396.03
Ct020	履带式挖掘机	台次	1	720.00	122.90	2 263.06			3 105.96
Ct021	履带式推土机	台次	1	360.00	161.18	1 768.89			2 290.07
2	现场玻璃钢施工围栏	项	1	1 472.64	16 903.31		662.69		19 038.64
C0401027	封闭式玻璃钢施工护栏（砖基础、高 2.5 m）	10 m	14.20	1 472.64	16 903.31		662.69		19 038.64

表 3-41　措施项目计价表

序号	项目名称	计量单位	计算方法	金额/元
1	安全文明施工费	项	（定人＋定机 8%）×12.65%	6 774.84
2	夜间施工费			
3	二次搬运费			
4	其他（冬雨季施工、定位复测、生产工具用具使用等）	项	（定人＋定机 8%）×5.95%	3 186.59
5	大型机械设备进出场安拆费	项	详分析表	5 396.03
6	井点降水		详分析表	
7	现场施工围栏	项	详分析表	19 038.64
8	地上、地下设施、建筑物的临时保护设施			
9	已完工程及设备保护			
10	围堰		详分析表	
11	脚手架		详分析表	
12	桥涵及隧道模板工程		详分析表	
13	硐内施工的通风供水供气供电照明及通讯设施		详分析表	
14	给排水模板及井字架工程		详分析表	
15	行人行车干扰措施增加费	项	（定人＋定机）×0.05	2 985.32
合　计				37 381.42

（6）建安工程费汇总计算（见表 3-42 和表 3-43）。

表 3-42　规费税金项目清单与计价表

序号	项目名称	计算基础	费率/%	金额/元
1	规费			15 004.95
1.1	工程排污费			0.00
1.2	社会保障及住房公积金	定额人工费总和	26	14 449.21
1.3	危险作业意外伤害保险	定额人工费总和	1	555.74
2	税金	分部分项工程费＋措施项目费＋其他项目费＋规费	3.48	5 554.82
合　计				

4. 排水管道土方工程计价

1）工程名称

××市××城中村改造工程。

2）项目名称

室外排水管道安装工程。

表 3-43　单位工程费汇总表

序号	项目名称	金额/元	其中：暂估价/元
1	分部分项工程费	82 800.20	
1.1	其中：人工费	53 021.24	
1.3	其中：机械费	6 685.19	
2	措施费	61 816.09	
2.1	其中：安全文明施工费	6 774.84	
3	其他项目费	0.00	
3.1	其中：暂列金额		
3.2	其中：专业工程暂估价		
3.3	其中：计日工		
3.4	其中：总承包服务费		
4	规费	15 004.85	
5	税金	5 554.82	
6	单位工程造价	165 175.96	

3）施工图纸

平面图见图 3-21，纵断面图见图 3-22，钢筋混凝土 180°混凝土基础见图 3-23，ϕ1000 砖砌圆形雨水检查井标准图见图 3-24，平算式单算水口标准图见图 3-25，相关计算数据见表 3-44～表 3-46。

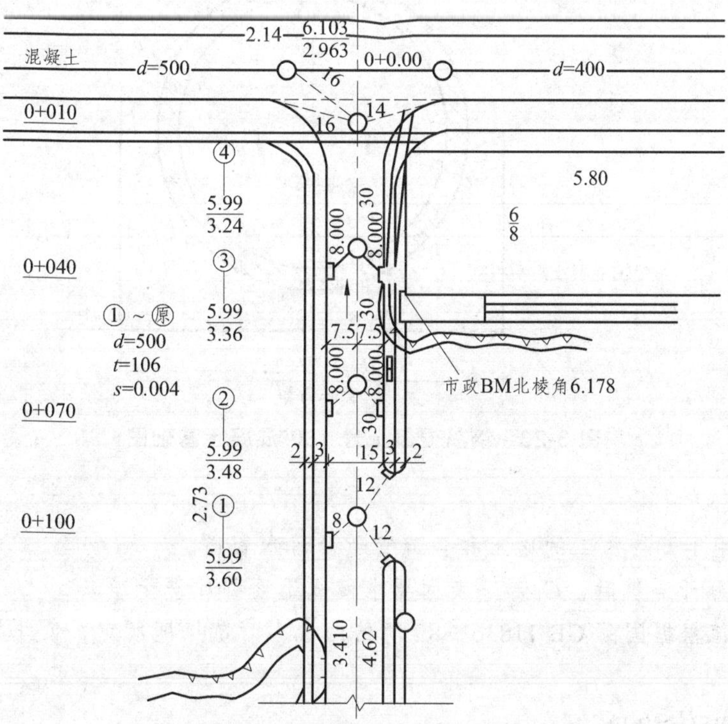

图 3-21　室外排水管道平面图

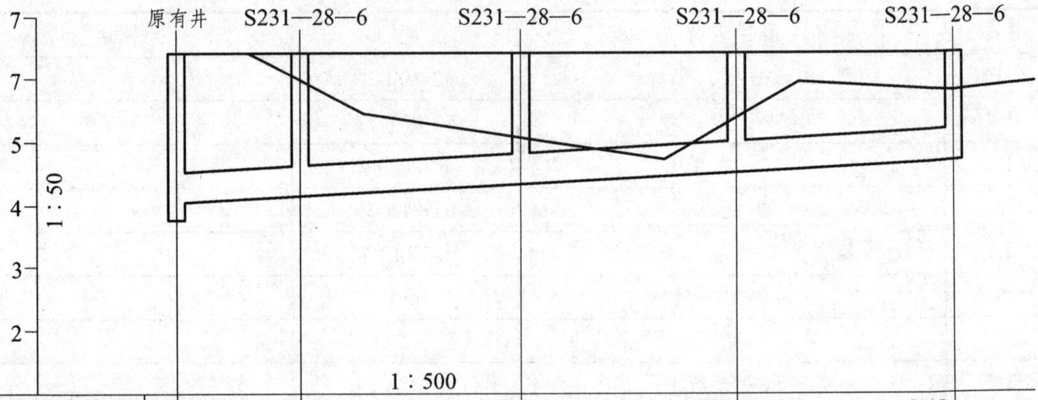

	原	4	3	2	1
自然地面标高(m)	6.103	5.85	4.80	5.01	5.45
井面标高(m)	6.103	5.99	5.99	5.99	5.99
埋设深度(m)	2.924	2.75	2.63	2.51	2.39
管内底标高(m)	3.176	3.24	3.36	3.48	3.60
I(‰) D(mm)	4 / 500				
管道结构	平口式钢筋混凝土管				
管道长度	16	30	30	30	
检查井编号	原	4	3	2	1

图 3-22　室外排水管道纵断面图

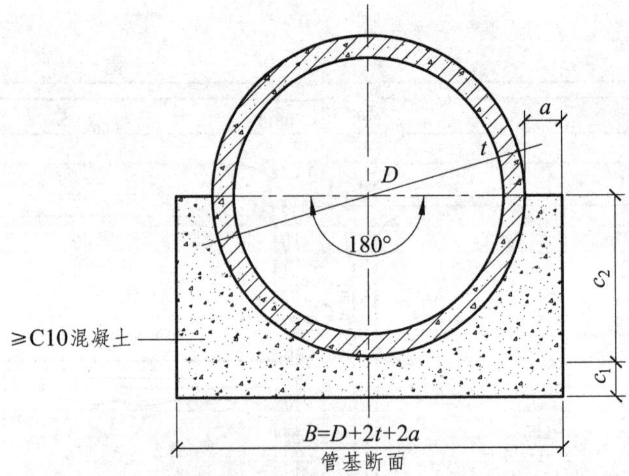

图 3-23　钢筋混凝土管 180°混凝土基础图

说明：

1. 本图适用于开槽施工的雨水和合流管道及污水管道。

2. C_1、C_2分开浇筑时，C_1部分表面要求做成毛面并冲洗干净。

3. 图中 B 值根据国际 GB 11836—89 所给的最小管壁厚度所定，使用时可根据管材具体情况调整。

4. 覆土 4 m<H≤6 m。

表 3-44　钢筋混凝土管 180°混凝土基础计算表

管内径 D/mm	管壁厚/mm	管肩管/mm	管基宽/mm	管基厚/mm		基础混凝土/（m^3/m）
				C_1	C_2	
300	30	80	520	100	180	0.947
400	35	80	630	100	235	O.124 3
500	42	80	744	100	292	O.157 7
600	50	100	900	100	350	0.212 6
700	55	110	1 030	1100	405	0.272 8
800	65	130	1 190	130	465	0.368 4
900	70	140	1 320	140	520	0.446 5
1 000	75	150	1 450	150	575	0.531 9
1 100	85	170	1 610	170	635	0.662 7
1 200	90	180	1 740	180	690	0.765 9
1 350	105	210	1 980	210	780	1.004 5
1 500	115	230	2 190	230	865	1.222 7
1 650	140	280	2 640	280	1 040	1.785 8
1 800	140	280	2 640	280	1 040	1.785 8
2 000	155	310	2 930	310	1 155	2.197 0
2 200	175	350	3 250	350	1 275	2.727 7
2 400	185	370	3 510	370	1 385	3.146 9

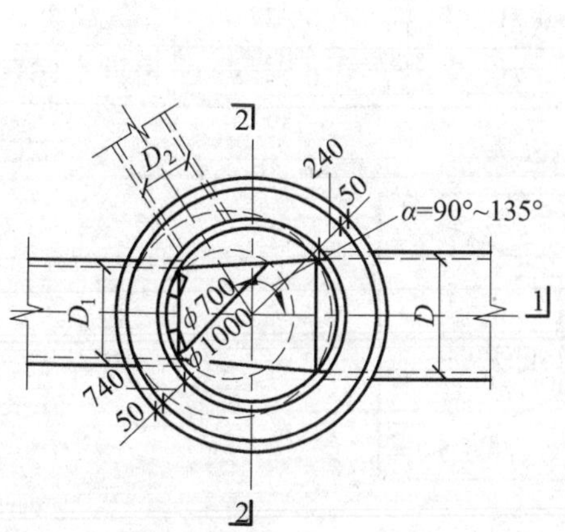

（a）平面图

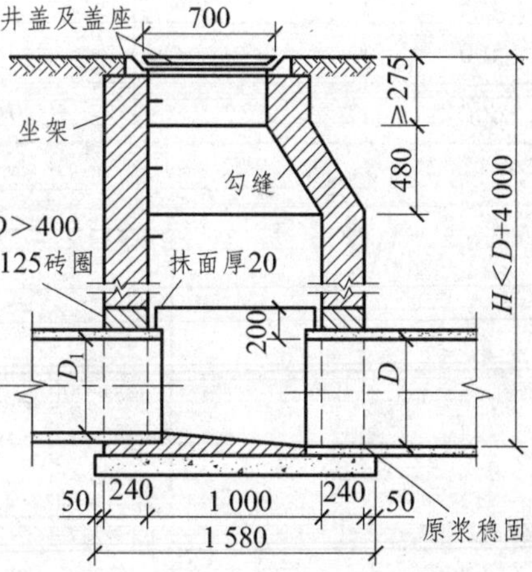

（b）1—1 剖面

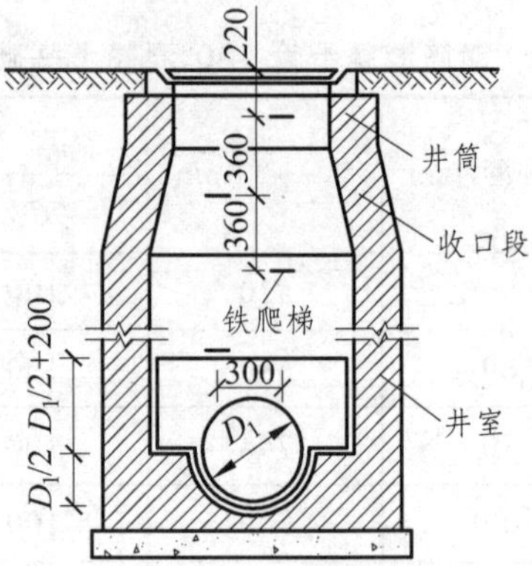

（c）2—2 剖面

图 3-24　ϕ1 000 砖砌圆形雨水检查井

说明：

1. 单位：mm。
2. 井墙用 M7.5 水泥砂浆砌 MU10 砖，无地下水时，可用 M5.0 混合砂浆砌 MUl0 砖。
3. 抹面、勾缝、坐浆均用 1∶2 水泥砂浆。
4. 遇地下水时井外壁抹面至地下水位以上 500，厚 20，井底铺碎石，厚 100。
5. 接入支管超挖部分用级配砂石，混凝土或砌砖填实。
6. 井室高度：自井底至收口段一般为 1 800，当埋深不允许时可酌情减小。
7. 井基材料采用 C10 混凝土，厚度等于于管管基厚；若干管为土基时，井基厚度为 100。

表 3-45　ϕ1 000 砖砌圆形雨水检查井材料表

管径 D/mm	砖砌体/m^3			C10 混凝土/m^3	砂浆抹面/m^2
	收口段	井室	井筒/m		
200	0.39	1.76	0.71	0.20	2.48
300	0.39	1.76	0.71	0.20	2.60
400	0.39	1.76	0.71	0.02	2.70
500	0.39	1.76	0.71	0.22	2.79
600	0.39	1.76	0.71	0.24	2.86

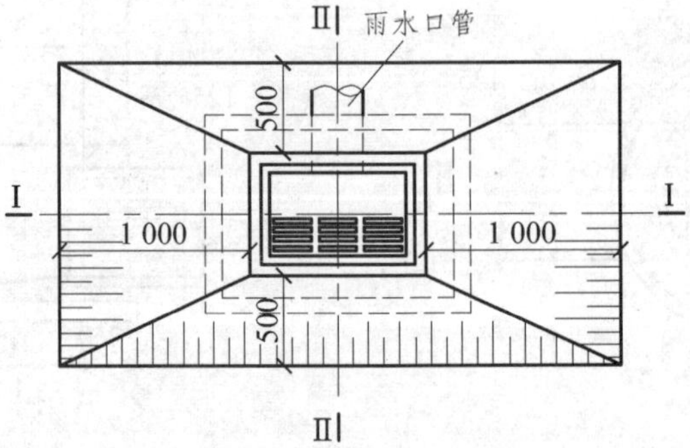

（a）平面图

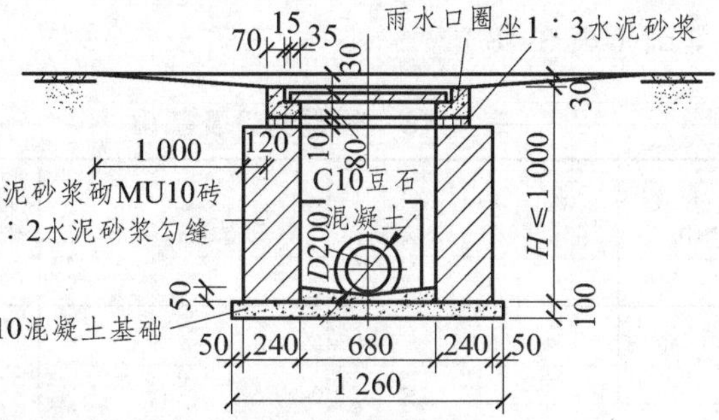

（b）I—I 剖面

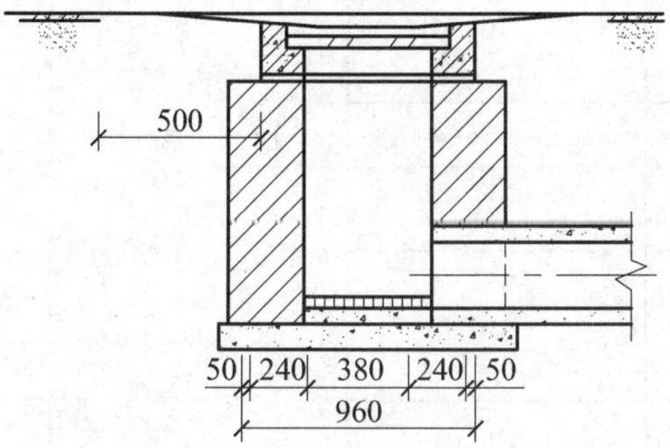

（c）II—II 剖面

图 3-25　平箅式单箅雨水口

表 3-46　平箅式单箅雨水口材料表

H	工程数量					铸铁箅子/个
	C10 混凝土/m³	C30 混凝土/m³	C10 豆石混凝土	砖砌体/m³	钢筋/kg	
700 mm	0.121	0.03	0.013	0.43	2.68	1
1 000 mm	0.121	0.03	0.013	0.65	2.68	1

4）分项工程量计算

（1）主要工程材料清单（表 3-47）。

表 3-47　主要工程材料清单

序号	名　称	单位	数量	规　格	备　注
1	钢筋混凝土管	m	94	$d300\times2\,000\times30$	
2	钢筋混凝土管	m	106	$d500\times2\,000\times42$	
3	检查井	座	4	$\phi1\,000$ 砖砌	S231-28-6
4	雨水口	座	9	680×380，$H=1.0$	S235-2-4

（2）管道铺设及基础（表 3-48）。

表 3-48　管道铺设及基础

管段井号	管径/mm	管道铺设长度（井中至井中）/m	基础及接口形式	支管及 180°平接口基础铺设	
				d300	d250
起 1	500	30	180°平接口	32	
				16	
2	500	30			
3				16	
	500	30			
4				30	
	500	16			
止原井					
合计		106		94	

（3）检查井、进水井数量（表 3-49）。

表 3-49　检查井、进水井数量

井号	检查井设计井面标高/m	井底标高/m	井深/m	砖砌圆形井				砖砌雨水口井		
				雨水检查中		沉泥中				
				图号井径	数量/个	图号井径	数量/座	图号规格	井深	数量/座
	1	2	3 = 1 − 2							
起 1	5.99	3.6	2.39	S231—28—6 ϕ1 000	1			S235—2—4 C680×380	1	3
2	5.99	3.48	2.51	S231—28—6 ϕ1 000	1			S235—2—4 C680×380	1	2
3	5.99	3.36	2.64	S231—28—6 ϕ1 000	1			S235—2—4 C680×380	1	2
4	5.99	3.24	2.75	S231—28—6 ϕ1 000	1			S235—2—4 C680×380	1	2
止原井	（6.103）	（2.963）	3.14							
本表综合小计	（1）砖砌圆形雨水检查井 ϕ1 000 平均井深 2.6 m，共计 4 座。 （2）砖砌雨水口进水井 680×380，井深 1 m，共计 9 座									

（4）挖干管管沟土方（表 3-50）。

表 3-50　挖干管管沟土方

井号或管数	管径/mm	管沟长/m	沟底宽/m	原地面标高（综合取定）/m	井底流水位标高/m		基础加深/m	平均挖深/m	土壤类别	计算式	数量/m³
		L	*b*	平均	流水位	平均		*H*		*L*×*b*×*H*	
起 1					3.60						
	500	30	0.744	5.23		3.54	0.14	1.83	三类土	30×0.744×1.83	40.85
2					3.48						
	500	30	0.744	4.91		3.42	0.14	1.63	三类土	30×0.744×1.63	36.38
3					3.36						
	500	30	0.744	5.33		3.30	0.14	2.17	三类土	30×0.744×2.17	48.43
4					3.24						
	500	16	0.744	5.98		3.21	0.14	2.91	四类土	16×0.744×2.91	34.64
止原井					3.176						

（5）挖支管管沟土方（表 3-51）。

表 3-51　挖支管管沟土方

管径/mm	管沟长/m	沟底宽/m	平均挖深/m	土壤类别	计算式	数量/m³	备注
	L	*b*	*H*		*L*×*b*×*H*		
*d*300	94	0.52	1.13	三类土	94×0.52×1.13	55.23	

（6）挖井位土方（表 3-52）。

表 3-52　挖井位土方

井号	井底基础尺寸/m			原地面至流水面高/m	基础加深/m	平均挖深/m	个数	土壤类别	计算式	数量/m³
	长	宽	直径							
	L	*B*	*ϕ*			*H*			*L*×*b*×*H*×个数	
雨水井	1.26	0.96		1.0	0.13	1.13	9	三类土	1.26×0.96×1.13×9	12.30
1			1.58	1.86	0.14	1.83	1	三类土	井位 2 块弓形面积为 0.83×1.83	1.52
2			1.58	1.33	0.14	1.63	1	三类土	0.83×1.63	1.35
3			1.58	1.98	0.14	2.17	1	三类土	0.83×2.17	1.80
4			1.58	2.77	0.14	2.91	1	四类土	0.83×2.91	2.42

（7）挖混凝土路面及稳定层（表 3-53）。

表 3-53　挖混凝土路面及稳定层

序号	拆除构筑物名称	面积/m^2	体积/m^3	备注
1	挖混凝土路面（厚 22 cm）	$16\times0.744=11.9$	$11.9\times0.22=2.62$	
2	挖稳定层（厚 35 cm）	$16\times0.744=11.9$	$11.9\times0.35=4.17$	

（8）管道及基础所占体积（表 3-54）。

表 3-54　管道及基础所占体积

序号	部位名称	计算式	数量/m^3
1	*d*500 管道与基础所占体积	$[(0.1+0.292)\times(0.5+0.042\times2+0.08\times2)+0.292^2\times3.1416\times1/2]\times106$	45.16
2	*d*300 管道与基础所占体积	$[(0.1+0.18)\times(0.3+0.06+0.16)+0.18^2\times3.1416\times1/2]\times94$	18.68
小　计			63.68

（9）土方工程量汇总（表 3-55）。

表 3-55　土方工程量汇总

序号	名　称	计算式	数量/m^3
1	挖沟槽土方三类土 2 m 以内	$40.85+36.38+55.23+12.30+1.52+1.35$	147.63
2	挖沟槽土方三类土 4 m 以内	$48.43+1.80$	50.23
3	挖沟槽土方四类土 4 m 以内	$34.64+2.42-2.62-4.17$	30.27
4	管道沟回填方	$147.63+50.23+30.27-63.68$	164.45
5	就地弃土	$147.63+50.23+30.27-164.45\times1.15$	39.01

【习题与思考题】

1. 如槽坑宽度超过 4.1 m，其挡土板支撑如何套用定额？

2. 已知某沟槽长 800 m、宽 2.5 m，原地面标高 4.3 m，沟槽底标高为 1.2 m，地下常水位标高为 3.3 m。试计算沟槽开挖时干土、湿土的工程量。

3. 某道路路基工程，已挖土 2 500 m^3，其中可利用 2 000 m^3，需要填土 4 000 m^3，现场挖、填平衡。试计算余土外运量及填土缺方量。

4. 某土方工程采用 90 kW 履带式推土机推土上坡，已知斜道坡度为 8%，斜道水平距离为 50 m，推土厚度为 20 cm、宽度为 40 cm，土质为二类土。试求该工程人工、机械总用量，并确定该工程套用的定额子目及编号。

5. 某管道沟槽开挖时采用钢制挡土板坚板、横撑（密排、钢支撑），已知沟槽长 350 m、宽 2.8 m，挖深为 3 m。试计算该支撑工程人工、钢挡土板的总用量。

第 4 章　城市道路工程计量与计价

4.1　城市道路工程清单编制

4.1.1　道路清单概述

（1）道路工程清单包括分部分项工程量清单、措施项目清单、其他项目清单。

（2）分部分项工程量清单编制，应根据《市政工程工程量计算规范》（GB 500857—2013）“附录 B 道路工程”规定的统一项目编码、项目名称、项目特征、计量单位和工程量计算规则编制。

（3）《市政工程工程量计算规范》（GB 500857—2013）“附录 B 道路工程”共划分设置了 5 节清单项目，节的设置基本上是按照道路工程施工先后顺序编制的：

B.1　路基处理共设置 22 个清单项目。

B.2　道路基层共设置 16 个清单项目。

B.3　道路面层共设置 9 个清单项目。

B.4　人行道及其他共设置 8 个清单项目。

4.1.2　道路清单分项

（1）路基处理，编码为 040201，共 22 项，见表 4-1。

表 4-1　路基处理清单分项目

项目编码	项目名称	项目特征	单位	工程量计算规则	工程内容
040201001	预压地基	1. 排水竖井种类、断面尺寸、排列方式、间距、深度 2. 预压方式 3. 预压荷载、时间 4. 砂垫层厚度	m^2	按设计图示尺寸以加固面积计算	1. 设置排水竖井、盲沟、滤水管 2. 脯设砂垫层、密封膜 3. 堆载、卸载或抽气设备安拆、抽真空 4. 材料运输
040201002	强夯地基	1. 夯击能量 2. 夯击遍数 3. 地耐力要求 4. 夯填材料种类			1. 设置夯填材料 2. 强夯 3. 夯填材料运输
040201003	振冲密实（不填料）	1. 地层情况 2. 振密深度 3. 孔距 4. 振冲器功率			1. 振冲加密 2. 泥浆运输

续表 4-1

项目编码	项目名称	项目特征	单位	工程量计算规则	工程内容
040201004	掺石灰	含灰量	m^3	按设计图示尺寸以体积计算	1. 掺石灰 2. 夯实
040201005	掺干土	1. 密实度 2. 掺土率			1. 掺干土 2. 夯实
040201006	掺石	1. 材料品种、规格 2. 掺石率			1. 掺石 2. 夯实
040201007	抛石挤淤	材料品种、规格			抛石挤淤
040201008	袋装砂井	1. 直径 2. 填充料品种 3. 深度	m	按设计图示尺寸以长度计算	1. 制作砂袋 2. 定位沉桩 3. 下砂 4. 拔管
040201009	排水板	材料品种、规格	m	按设计图示尺寸以长度计算	1. 安装排水板 2. 沉管插板 3. 拔管
040201010	振冲桩（填料）	1. 地层情况 2. 空桩长度、桩长 3. 桩径 4. 填充料种类	1. m 2. m^3	1. 以米计量，按设计图示尺寸以桩长计算 2. 以立方米计量，按设计桩截面乘以桩长以体积计算	1. 振冲成孔、填料、振实 2. 材料运输 3. 泥浆运输
040201011	砂石桩	1. 地层情况 2. 空桩长度、桩长 3. 桩径 4. 成孔方式 5. 材料种类、级配		1. 以米计量，按设计图示尺寸以桩长（包括桩尖）计算 2. 以立方米计量，按设计桩截面乘以桩长（包括桩尖）以体积计算	1. 成孔 2. 填料、振实 3. 材料运输
040201012	水泥粉煤灰碎石桩	1. 地层情况 2. 空桩长度、桩长 3. 桩径 4. 成孔方式 5. 混合料强度等级	m	按设计图示尺寸以桩长（包括桩尖）计算	1. 成孔 2. 混合料制作、灌注、养护
040201013	深层搅拌桩	1. 地层情况 2. 空桩长度、桩长 3. 桩截面尺寸 4. 水泥强度等级、掺量		按设计图示尺寸以桩长计算	1. 预搅下钻、水泥浆制作、喷浆搅拌提升成桩 2. 材料运输
040201014	粉喷桩	1. 地层情况 2. 空桩长度、桩长 3. 桩径 4. 粉体种类、掺量 5. 水泥强度等级、石灰粉要求		按设计图示尺寸以桩长计算	1. 预搅下钻、喷粉搅拌提升成桩 2. 材料运输

续表 4-1

项目编码	项目名称	项目特征	单位	工程量计算规则	工程内容
040201015	高压喷射注浆桩	1. 地层情况 2. 空桩长度、桩长 3. 桩截面 4. 注浆类型、方法 5. 水泥强度等级		按设计图示尺寸以桩长计算	1. 成孔 2. 水泥浆制作、高压喷射 3. 材料运输
040201016	石灰桩	1. 地层情况 2. 空桩长度、桩长 3. 桩径 4. 成孔方式 5. 掺和料种类、配合比		按设计图示尺寸以桩长（包括桩尖）计算	1. 成孔 2. 掺和料制作、运输、夯填
040201017	灰土（土）挤密桩	1. 地层情况 2. 空桩长度、桩长 3. 桩径 4. 成孔方式 5. 灰土级配	m	按设计图示尺寸以桩长（包括桩尖）计算	1. 成孔 2. 灰土拌和、运输、填充、夯实
040201018	桩锤冲扩桩	1. 地层情况 2. 空桩长度、桩长 3. 桩径 4. 成孔方式 5. 桩体材料种类、配合比		按设计图示尺寸以桩长计算	1. 安拔套管 2. 冲桩、填料、夯实 3. 桩体材料制作、运输
040201019	地基注浆	1. 地层情况 2. 成桩深度、间距 3. 浆液种类及配比 4. 注浆方法 5. 水泥强度等级	1. m 2. m^3	1. 以米计量，按设计图示尺寸以钻孔深度计算 2. 以立方米计量，按设计图示尺寸以加固体积计算	1. 成孔 2. 注浆导管制作、安装 3. 浆液制作、压浆 4. 材料运输
040201020	褥垫层	1. 厚度 2. 材料品种及比例	1. m^2 2. m^3	1. 以平方米计量，按设计图示尺寸以铺设面积计算 2. 以立方米计量，按设计图示尺寸以铺设体积计算	材料拌和、运输、铺设、压实
040201021	土工合成材料	1. 材料品种 2. 搭接方式	m^2	按设计图示尺寸以面积计算	1. 基层整平 2. 铺设 3. 固定
040201022	排水沟、截水沟	1. 材料品种 2. 断面尺寸 3. 混凝土强度等级 4. 砂浆强度等级 5. 盖板材质、规格	m	按设计图示尺寸以长度计算	1. 模板制作、安装、拆除 2. 基础、垫层铺设 3. 混凝土拌和、运输、浇筑 4. 砌筑 5. 勾缝 6. 抹面 7. 盖板制作、安装
040201023	盲沟	1. 材料种类、规格 2. 断面尺寸		按设计图示尺寸以长度计算	盲沟铺筑

（2）道路基层，编码为 040202，共 16 项，见表 4-2。

表 4-2　道路基层项目编码表

项目编码	项目名称	项目特征	计量单位	工程量计算规则	工程内容
040202001	路床（槽）整形	1. 部位 2. 范围			1. 放样 2. 整修路拱 3. 碾压成型
040202002	石灰稳定土	1. 含灰量 2. 厚度			
040202003	水泥稳定土	1. 水泥含量 2. 厚度			
040202004	石灰、粉煤灰、土	1. 配合比 2. 厚度		按设计图示尺寸以面积计算，不扣除各种井所占面积	1. 拌和 2. 运输 3. 铺筑 4. 找平 5. 碾压 6. 养护
040202005	石灰、碎石、土	1. 配合比 2. 碎石规格 3. 厚度	m^2		
040202006	石灰、粉煤灰、碎（砾）石	1. 配合比 2. 碎（砾）石规格 3. 厚度			
040202007	粉煤灰	厚度			
040202008	矿渣				
040202009	砂砾石				
040202010	卵石				
040202011	碎石	1. 石料规格 2. 厚度			
040202012	块石				1. 拌和 2. 运输 3. 铺筑 4. 找平 5. 碾压 6. 养护
040202013	山皮石		m^2	按设计图示尺寸以面积计算，不扣除各种井所占面积	
040202014	粉煤灰三渣	1. 配合比 2. 厚度			
040202015	水泥稳定碎（砾）石	1. 水泥含量 2. 石料规格 3. 厚度			
040202016	沥青稳定碎石	1. 沥青品种 2. 石料规格 3. 厚度			

（3）道路面层，编码为040203，共9项，见表4-3。

表4-3　道路面层项目编码表

项目编码	项目名称	项目特征	计量单位	工程量计算规则	工程内容
040203001	沥青表面处治	1. 沥青品种 2. 层数	m^2	按设计图示尺寸以面积计算，带平石的面层应扣除平石所占面积，不扣除各种井所占面积	1. 喷油、布料 2. 碾压
040203002	沥青贯入式	1. 沥青品种 2. 石料规格 3. 厚度			1. 摊铺碎石 2. 喷油、布料 3. 碾压
040203003	透层、黏层	1. 材料品种 2. 喷油量			1. 清理下承面 2. 喷油、布料
040203004	封层	1. 材料品种 2. 喷油量 3. 厚度			1. 清理下承面 2. 喷油、布料 3. 压实
040203005	黑色碎石	1. 材料品种 2. 石料规格 3. 厚度			1. 清理下承面 2. 拌和、运输 2. 摊铺、整型 3. 压实
040203006	沥青混凝土	1. 沥青品种 2. 沥青混凝土种类 3. 石料粒径 4. 掺合料 5. 厚度			
040203007	水泥混凝土	1. 混凝土强度等级 2. 掺合料 3. 厚度	m^2	按设计图示尺寸以面积计算，不扣除各种井所占面积	1. 模板制作、安装、拆除 2. 混凝土拌和、运输、浇筑 3. 拉毛 4. 压痕或刻防滑槽 5. 伸缝 6. 缩缝 7. 锯缝、嵌缝 8. 路面养生
040203008	块料面层	1. 块料品种、规格 2. 垫层材料品种、厚度、强度			1. 铺筑垫层 2. 铺筑块料 3. 嵌缝、勾缝
040203009	橡胶、塑料弹性面层	1. 材料名称 2. 厚度			1. 配料 2. 铺贴

（4）人行道及其他，编码为 040204，共 8 项，见表 4-4。

表 4-4　人行道及其他项目编码表

项目编码	项目名称	项目特征	计量单位	工程量计算规则	工程内容
040204001	人行道整形碾压	1. 部位 2. 范围	m^2	按设计图示尺寸以面积计算，不扣除各种井、侧石、树池所占面积	1. 放样 2. 碾压
040204002	人行道块料铺设	1. 块料品种、规格 2. 基础、垫层：材料品种、厚度 3. 图形		按设计图示尺寸以面积计算，不扣除各种井所占面积，但应扣除侧石、树池所占面积	1. 垫层、基础铺筑 2. 块料铺设
040204003	现浇混凝土人行道及进口坡	1. 混凝土强度等级 2. 厚度 3. 基础、垫层：材料品种、厚度、			1. 模板制作、安装、拆除 2. 基础、垫层铺筑 3. 混凝土拌和、运输、浇筑
040204004	安砌侧（平、缘）石	1. 材料规格 2. 基础、垫层：材料品种、厚度	m	按设计图示中心线长度计算	1. 开槽 2. 基础、垫层铺筑 3. 侧（平、缘）石安砌
040204005	现浇侧（平、缘）石	1. 材料品种 2. 尺寸 3. 形状 4. 混凝土强度等级 5. 基础、垫层：材料品种、厚度			1. 模板制作、安装、拆除 2. 开槽 3. 基础、垫层铺筑 4. 混凝土拌和、运输、浇筑
040204006	检查井升降	1. 材料品种 2. 检查井规格 3. 平均升降高度	座	按设计图示路面标高与原有的检查井发生正负高差的检查井的数量计算	升降检查井
040204007	树池砌筑	1. 材料品种 2. 树池尺寸 3. 树池盖材料品种	个	按设计图示数量计算	1. 基础、垫层铺筑 2. 树池砌筑 3. 树池盖运输、安装
040204008	预制电缆沟铺设	1. 材料品种 2. 规格尺寸 3. 基础、垫层：材料品种、厚度 4. 盖板品种、规格	m	按设计图示中心线长度计算	1. 基础、垫层铺筑 2. 预制电缆沟安装 3. 盖板安装

4.1.3 清单编制要点

1. 列项编码

（1）列项编码是在熟悉施工图基础上，对照《市政工程工程量计算规范》（GB 500857—2013）“附录 B 道路工程”中各分部分项清单项目的名称、特征和工程内容，将拟建道路工程结构进行合理的归类组合，编排出一个个相对独立的与“附录B道路工程”各清单项目相对应的分部分项清单项目。

（2）列项编码要做到：

① 确定各分部分项的项目名称，并予以正确的项目编码。

② 项目编码不重不漏。

③ 当拟建工程出现新结构，新工艺，不能与《市政工程工程量计算规范》（GB 500857—2013）“附录 B 道路工程”的清单项目对应时，应按《建设工程工程量清单计价规范》GB 50500—2013 中的规定执行。

（3）列项编码要点。

① 项目特征是形成工程项目实体价格因素的重要描述，也区别同一清单项目名称内，包含有多个不同的具体项目名称依据。项目特征由具体的特征要素构成，详见《市政工程工程量计算规范》（GB 500857—2013）“附录B道路工程”清单项目的“项目特征”栏。

如：道路工程中安砌侧（平、缘）石，项目特征为材料、尺寸、形状、垫层、基础、材料品种、厚度、强度。

② 项目编码应执行《市政工程工程量计算规范》（GB 500857—2013）中 4.0.3 条规定：“分部分项工程量清单的项目编码，应采用十二位阿拉伯数字表示，一至九位应按附录的规定设置，十至十二位根据拟建工程的工程量清单项目名称设置，同一招标工程的项目编码不得有重码”。也就是说除需要补充项目外，前九位编码是统一规定的，照抄套用，而后三位编码可由编制人根据拟建工程中相同的项目名称、不同的项目特征而进行排序编码。

如：某道路工程路面面层结构为：

K0 + 000 ~ K0 + 800 设计为 C30 水泥混凝土路面，厚 24 cm，混凝土碎石最大粒径 4 cm。

K0 + 800 ~ K0 + 950 设计为 C35 水泥混凝土路面，厚 24 cm，混凝土碎石最大粒径 4 cm。

则编码应分别为 040203007001 和 040203007002，前 9 位相同，后 3 位不同，原因是水泥混凝土强度等级作为特殊要素的改变，也意味着形成该工程项目实体的施工过程和造价的改变。作为指引承包商投标报价的分部分项工程量清单，必须给出明确的清单项目名称和编码，以便在清单计价时不发生理解上的歧义，在综合单价分析时能够做到科学合理。

2. 项目名称

具体项目名称应按照《市政工程计量规范》附录中的项目名称（可称为基本名称）结合实际工程的项目特征要素综合确定。如上述水泥路面，具体的项目名称可表达为 C30 水泥混凝土面层（厚度 24 cm，碎石最大 40 mm）。具体的名称确定要符合道路工程设计、施工规范，也要照顾到道路工程专业方面的惯用表述。例如：道路基层结构在软基地段使用较普遍的是在石屑中掺入 6%水泥，经过拌和、摊铺碾压成型。属于水泥稳定碎石类基层结构，按照惯用表述，该清单项目的具体名称可确定为“6%水泥石屑基层（厚度××cm）”，项目编码为“040202014001”。

3. 项目特征

项目特征是针对形成该分部分项清单项目实体的施工过程（或工序）所包含内容的描述，列项时应对拟建道路工程的分部分项工程项目与《市政工程工程量计算规范》附录中各清单项目特征和工程内容的要求对照。

如：道路面层中“水泥混凝土”清单项目的工程内容为：① 模板制作、安装、拆除；② 混凝土拌和、运输、浇筑；③ 拉毛；④ 压痕或刻防滑槽；⑤ 伸缝；⑥ 缩缝；⑦ 锯缝、嵌缝；⑧ 路面养护。上述 8 项工程内容几乎包括了常规水泥混凝土路面的全部施工工艺过程。若拟建工程设计的是水泥混凝土路面结构，就可以对照上述工程内容编码列项。列出的项目名称是“C××水泥混凝土面层（厚××cm，碎石最大××mm）”，项目编码为“040203007×××”，这就是对应吻合。不能再另外列出伸缩缝构造、切缝机切缝、路面养护等清单项目名称，否则就属于重列。

但应注意“水泥混凝土”项目中，未包括传力杆及套筒的制、安，纵缝拉杆、角隅加强钢筋、边缘加强钢筋的工程内容。当拟建的道路路面设计有这些钢筋时，就应该对照“钢筋工程”另外增列钢筋的分部分项清单项目，否则就属于漏列。

4.2 城市道路工程计价方法

4.2.1 道路工程量计算方法

1. 道路工程常用图形计算公式

常见图形计算公式见表 4-5。

表 4-5 常见图形计算公式

图 形	公 式
$\frac{1}{4}$ 圆 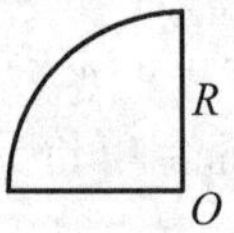	$A=\frac{\pi R^2}{4}$
扇形 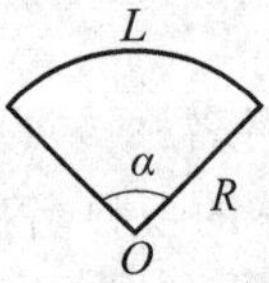	$L=\frac{\pi\alpha R^2}{180}=0.017\ 45\alpha R=\frac{2A}{R}$ $R=\frac{RL}{2}=0.008\ 72R^2$ $\alpha=\frac{57.296}{R}$; $R=\frac{2A}{L}=\frac{57.296}{R}L$

续表 4-5

<table>
<tr><th colspan="2">图 形</th><th colspan="3">公 式</th></tr>
<tr><td>弓形</td><td>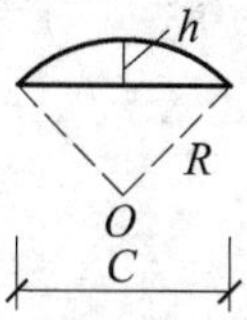</td><td colspan="3">$A=\frac{1}{2}[RL-C(R-h)];\ C=2\sqrt{(2R-h)h}$
$R=\frac{C^2+4h^2}{8h};\ L=0.017\ 45\alpha$
$h=R-\frac{1}{2}\sqrt{4R^2-C^2};\ \alpha=\frac{57.269}{R}L$</td></tr>
<tr><td>圆环</td><td>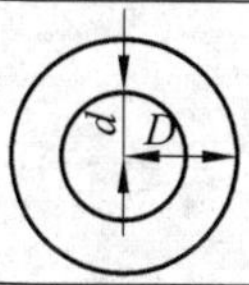</td><td colspan="3">$A=\pi\left[\left(\frac{D}{2}\right)^2-\left(\frac{d}{2}\right)^2\right]=0.785\ 4(D^2-d^2)$</td></tr>
<tr><td>直角角缘面积</td><td>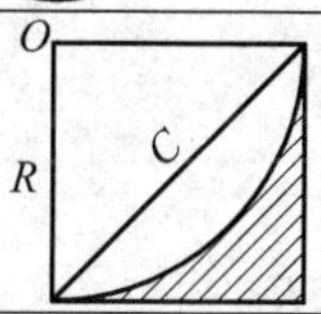</td><td colspan="3">$A=0.214\ 6R^2=0.107\ 5C^2$</td></tr>
<tr><td>不定角角缘面积</td><td>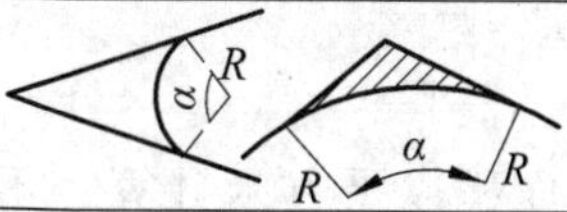</td><td colspan="3">$A=R^2\left(\tan\frac{\alpha}{2}-0.008\ 73\alpha\right)$</td></tr>
<tr><td>椭圆角缘面积</td><td>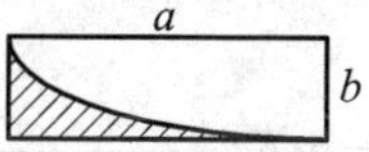</td><td>$ab\left(1-\frac{\pi}{4}\right)$</td><td>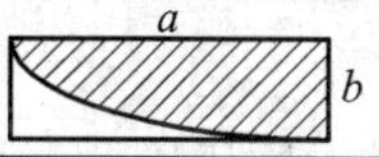</td><td>$\frac{\pi}{4}ab$</td></tr>
<tr><td>抛物线</td><td>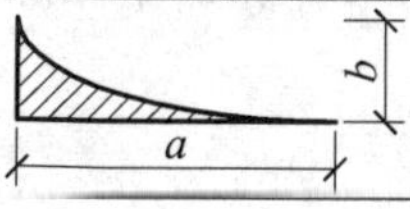</td><td>$A=\frac{1}{3}ab$</td><td>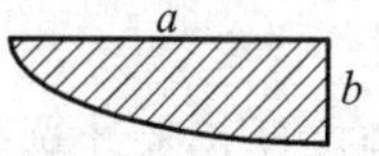</td><td>$\frac{2}{3}ab$</td></tr>
<tr><td></td><td>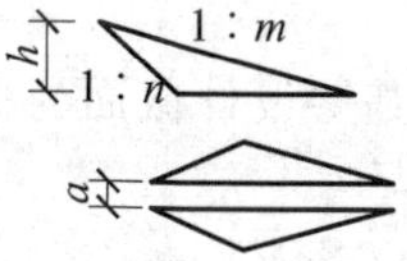</td><td colspan="3">$V=\frac{h}{6}\left[3a^2+2h\cdot n\left(1-\frac{n}{m}\right)\right](m-n)$</td></tr>
</table>

注：① 无交叉口的路段面积＝设计宽度×路中心线设计长度。
② 有交叉口的路段面积＝设计宽度×路中心线设计长度＋转弯处增加面积（一般交叉口计算到转弯圆弧的切点断面）。

2. 转弯处增加面积的两种计算

如图 4-1、图 4-2 所示。

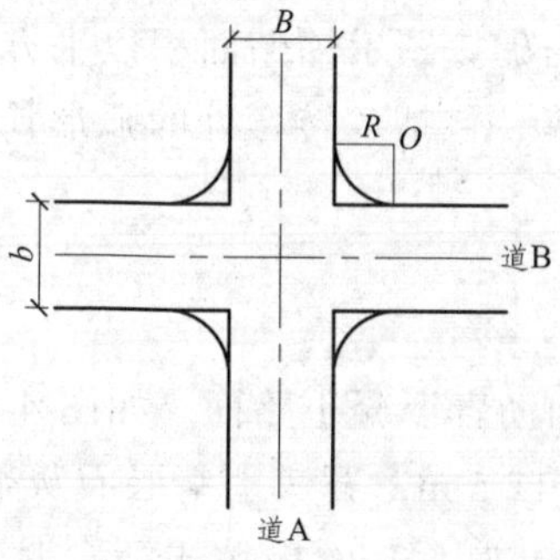

图 4-1 直角交叉示意图

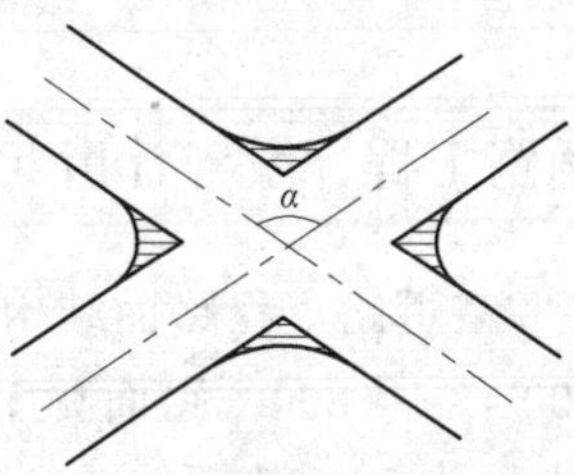

图 4-2 斜交交叉示意图

（1）直角交叉（图 4-1）时，每个转角处增加的路口面积为：

$$A = 0.214\,6R^2 \tag{4.1}$$

（2）斜交交叉（图 4-2）时，每个转角处增加的路口面积为：

$$A = R^2[\tan(\alpha/2) - 0.008\,73\alpha] \tag{4.2}$$

（3）人行道工程量计算。

① 直线段：铺设面积 = 设计长度 ×（人行道宽度 – 侧石宽度）；

② 交叉口转弯处铺设面积 = 设计长度 × 0.785 4（$D^2 - d^2$）；

③ 交叉口转弯处侧（平）石长度。

当道路正交时：

$$\text{每个转角的转弯平侧石长度} = 1.570\,8R \tag{4.3}$$

当道路斜交时：

$$\text{每个转角的转弯平侧石长度} = 0.017\,45R\alpha \tag{4.4}$$

3. 道路工程定额工程量计算规则

（1）路床碾压检验按设计道路基层图示尺寸面积以平方米计算，不扣除各类井所占面积。

（2）人行道整形碾压设计人行道图示尺寸面积以平方米计算，不扣除侧石、树池和各类井所占面积。

（3）路基盲沟按延长米计算。

（4）铺设土工格栅按设计图示尺寸面积以平方米计算。

（5）道路基层按设计图示尺寸面积以平方米计算，道路基层设计截面为梯形时，按其截面平均宽度计算面积，不扣除各类井所占面积。

（6）石灰土、多合土养生面积按设计基层、顶层面积以平方米计算。

（7）道路面层按设计图示尺寸面积以平方米计算，扣除平石所占面积，不扣除各类井所占面积。

（8）伸缩缝按设计缝长乘以设计缝深的面积，以平方米计算。

（9）路面刻纹按实刻幅宽以面积以平方米计算。

（10）水泥混凝土路面钢筋以质量（t）计算、道路传立杆套筒以支计算。

（11）人行道板、异形彩色花砖、人行道石材安砌按图示铺贴面积以平方米计算。

（12）立缘石、缘石、树池等项目按延长米计算，包括各转弯处的弧形长度。

4.2.2 道路工程计量与计价实例

【例 4–1】 某道路工程路面结构为二层式石油沥青混凝土路面。如图 4-3 所示，路段里程为 K4 + 100 ~K4 + 800，路面宽 12 m，基层宽 12.5 m，石灰土基层石灰剂量为 10%。面层分两层：上层为 LH-15 细粒式沥青混凝土，下层为 LH-20 中粒式沥青混凝土，试计算工程量并编制该段路面的分部分项工程量清单。

【解】（1）编码列项。

根据该工程提供的路面结构设计图和相应资料，对照《市政工程工程量计算规范》附表 B.2 道路基层和附表 B.3 道路面层。

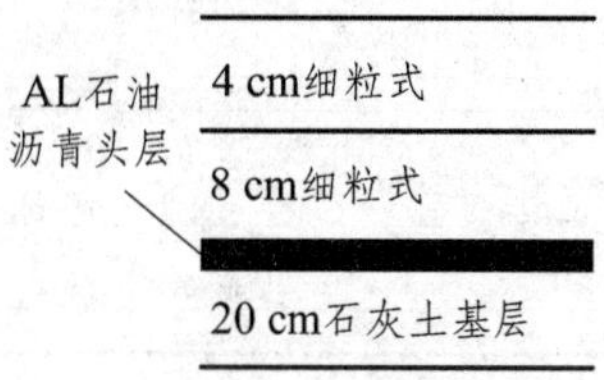

图 4-3 沥青路面结构示意图

石灰稳定土基层的工程内容为：① 拌和；② 运输；③ 铺筑；④ 找平；⑤ 碾压；⑥ 养护。

沥青混凝土路面的工程内容为：① 清理下承面；② 拌和、运输：③ 摊铺、整型；④ 压实。

确定该路段的分部分项工程项目名称及编码如下。

石灰稳定土基层（10%，厚 20 cm），项目编码：040202002001。

沥青混凝土面层（厚 8 cm，含 AL 透层），项目编码：040203006001。

沥青混凝土面层（厚 4 cm），项目编码：040203006002。

（2）工程量计算。

根据该工程提供的路段里程、路面各层宽度等数据，按照清单工程量和定额工程量计算规则。各分部分项工程量计算如下。

石灰稳定土基层：$700 \times 12.5 = 8\ 750$（m^2）。

LH-20 中粒式沥青混凝土面层：$700 \times 12 = 8\ 400$（m^2）。

LH-15 细粒式沥青混凝土面层：$700 \times 12 = 8\ 400$（m^2）。

（3）编制分部分项工程量清单（表 4-6）。

表 4-6 分部分项工程量清单

工程名称：××道路工程

序号	项目编码	项目名称	项目特征	计量单位	工程数量
1	040202002001	石灰稳定土基层	1. 含灰量：10%石灰 2. 厚度：20 cm	m^2	8 750
2	040203006001	沥青混凝土面层	1. 沥青品种：石油沥青 2. 沥青混凝土种类：LH-20 沥青混凝土（含 AL 透层） 3. 石料粒径：中粒式 4. 掺和料：机械摊铺 5. 厚度：8 cm	m^2	8 400
3	040203006002	沥青混凝土面层	1. 沥青品种：石油沥青 2. 沥青混凝土种类：LH-15 沥青混凝土 3. 石料粒径：细粒式 4. 掺和料：机械摊铺 5. 厚度：4 cm	m^2	8 400

（4）选用某省新编定额和单位估价表。见表 4-7 ~ 表 4-10。

表 4-7　某省新编定额和单位估价表节录（一）

工作内容：放样、清理路床、运料、上料、机械整平土方、铺石灰、焖水、拌合机拌和、排压、找平、碾压、人工配合处理碾压不到之处、清除杂物　　计量单位：100 m²

定额编号				04020038	04020039	04020040
项目名称				拌合机拌和石灰土基层		
				厚度 20 cm，含灰量（%）		
				10	12	14
基价/元				667.81	678.71	680.32
其中	人工费/元			275.07	286.31	288.93
	材料费/元			18.82	18.48	17.47
	机械费/元			373.92	373.92	373.92
名称		单位	单价/元	数量		
材料	黏土	m³		（26.910）	（26.310）	（25.710）
	生石灰	t		（3.400）	（4.080）	（4.760）
	水	m³	5.60	3.360	3.300	3.120
机械	钢轮内燃压路机，工作质量 15 t	台班	591.73	0.063	0.063	0.063
	钢轮内燃压路机，工作质量 12 t	台班	474.45	0.072	0.072	0.072
	稳定土拌合机 105 kW	台班	841.60	0.106	0.106	0.106
	平地机 105 kW	台班	957.13	0.063	0.063	0.063
	履带式推土机 105 kW	台班	849.82	0.180	0.180	0.180

表 4-8　某省新编定额和单位估价表节录（二）

工作内容：清扫路基、整修侧缘石、测温、摊铺、接茬、找平、点补、撒垫料、清理

计量单位：100 m²

定额编号		04020229	04020230	04020231	04020232	04020233
项目名称		粗粒式沥青混凝土路面				
		机械摊铺厚度/cm				
		3	4	5	6	每增（减）1
基价/元		357.92	435.23	492.47	544.95	65.75
其中	人工费/元	117.54	140.54	154.59	169.92	30.02
	材料费/元	30.83	40.92	49.50	61.66	10.1
	机械费/元	209.55	253.77	288.38	313.37	25.63

续表 4-8

名称		单位	单价/元	数量				
材料	沥青混凝土 粗粒式	m^3		（3.030）	（4.040）	（5.050）	（6.060）	（1.010）
	木柴	kg	0.65	1.600	2.100	2.600	3.200	0.530
	煤	t	500.00	0.010	0.013	0.013	0.020	0.003
	柴油	kg	8.26	3.000	4.000	5.000	6.000	1.000
	其他材料费	元	1.00	0.010	0.010	0.010	0.020	
机械	钢轮内燃压路机 15 t	台班	591.73	0.109	0.132	0.150	0.163	0.018
	钢轮内燃压路机 8 t	台班	333.57	0.109	0.132	0.150	0.163	0.018
	沥青混凝土摊铺机 8 t	台班	997.20	0.109	0.132	0.150	0.163	0.009

表 4-9 某省新编定额和单位估价表节录（三）

工作内容：清扫路基、整修侧缘石、测温、摊铺、接茬、找平、点补、撒垫料、清理

计量单位：100 m^2

定额编号				04020239	04020240	04020241	04020242	04020243
项目名称				中粒式沥青混凝土路面				
				机械摊铺厚度/cm				
				3	4	5	6	每增（减）1
基价/元				304.07	369.41	417.68	464.17	65.75
其中	人工费/元			117.54	140.54	154.59	169.92	30.02
	材料费/元			30.83	40.92	49.50	61.66	10.10
	机械费/元			155.70	187.95	213.59	232.59	25.63
名称		单位	单价/元	数量				
材料	沥青混凝土 中粒式	m^3		（3.030）	（4.040）	（5.050）	（6.060）	（1.010）
	木柴	kg	0.65	1.600	2.100	2.600	3.200	0.530
	煤	t	500.00	0.010	0.013	0.013	0.020	0.003
	柴油	kg	8.26	3.000	4.000	5.000	6.000	1.000
	其他材料费	元	1.00	0.010	0.010	0.010	0.020	
机械	钢轮内燃压路机 15 t	台班	591.73	0.109	0.132	0.150	0.163	0.018
	钢轮内燃压路机 8 t	台班	333.57	0.109	0.132	0.150	0.163	0.018
	沥青混凝土摊铺机 8 t	台班	997.20	0.055	0.066	0.075	0.082	0.009

表 4-10 某省新编定额和单位估价表节录（四）

工作内容：清扫路基、整修侧缘石、测温、摊铺、接茬、找平、点补、撒垫料、清理

计量单位：100 m^2

定额编号				04020247	04020248	04020249
项目名称				细粒式沥青混凝土路面		
				机械摊铺厚度/cm		
				2	3	每增（减）0.5
基价/元				264.77	354.56	78.95
其中	人工费/元			105.40	138.62	23.00
	材料费/元			20.75	30.83	9.46
	机械费/元			138.62	185.11	46.49
名称		单位	单价/元	数量		
材料	沥青混凝土 细粒式	m^3		（2.020）	（3.030）	（0.510）
	木柴	kg	0.65	1.100	1.600	0.300
	煤	t	500.00	0.007	0.010	0.002
	柴油	kg	8.26	2.000	3.000	1.000
	其他材料费	元	1.00	0.010	0.010	
机械	钢轮内燃压路机 15 t	台班	591.73	0.097	0.130	0.033
	钢轮内燃压路机 8 t	台班	333.57	0.097	0.130	0.033
	沥青混凝土摊铺机 8 t	台班	997.20	0.049	0.065	0.016

（5）综合单价分析（见表 4-11）。

【例 4-2】 某道路长 500 m，宽 10 m。其中快车道 8 m，两边各 1 m 人行道，填土平均厚度为 1.0 m，路面结构形式如图 4-4 所示，平石（侧石）的规格 100 cm × 20 cm × 12.5 cm，试计算相应道路工程量。

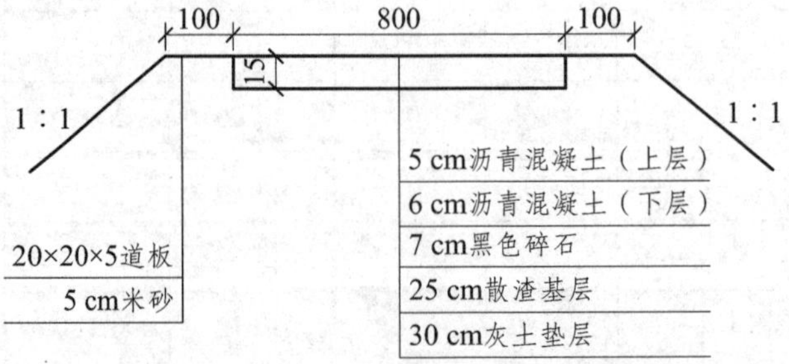

图 4-4 某道路结构示意图

表 4-11　综合单价分析表

序号	项目编码	项目名称	计量单位	工程量	清单综合单价组成明细											综合单价
					定额编号	定额名称	定额单位	数量	单价/元			合价/元				
									人工费	材料费	机械费	人工费	材料费	机械费	管理费和利润	
1	040202002001	石灰稳定土基层	m^2	8 750	04020038	石灰土基层（拌合机拌和）	100 m^2	0.010	275.07	1 661.94	373.92	2.75	16.62	3.74	1.31	24.42
2	040203006001	沥青混凝土面层	m^2	8 400	04020242	中粒式沥青混凝土路面（机械摊铺，厚 6 cm）	100 m^2	0.010	169.92	4 727.86	232.59	1.70	47.28	2.33	0.81	93.68
					04020243×2	中粒式沥青混凝土路面（机械摊铺，增厚 1 cm）	100 m^2	0.010	30.02	787.80	25.63	0.60	15.76	0.51	0.28	
					合计							5.05	79.65	6.58	2.40	
3	040203006002	沥青混凝土面层	m^2	8 400	04020248	细粒式沥青混凝土路面（机械摊铺，厚 3 cm）	100 m^2	0.010	138.62	2294.24	185.11	1.39	22.94	1.85	0.66	36.27
					04020249×2	细粒式沥青混凝土路面（机械摊铺，增厚 0.5 cm）	100 m^2	0.010	23.00	390.43	46.49	0.46	7.81	0.93	0.23	
					合计							1.85	30.75	2.78	0.89	

表中：① 若询价知黏土单价 32 元/m^3，生石灰 230 元/t，则定额 04020038 中材料费单价为：18.82 + 32 × 26.910 + 230 × 3.4 = 1 661.94 元/（100 m^2）。

② 若询价知黏土单价 770.00 元/m^3，则定额 04020242 中材料费单价为：61.65 + 770.00 × 6.060 = 4 727.86 元/（100 m^2）；定额 04020243 中材料费单价为：10.10 + 770 × 1.010 = 787.80 元/（100 m^2）。

③ 若询价知黏土单价 747.00 元/m^3，则定额 04020248 中材料费单价为：30.83 + 747.00 × 3.030 = 2 294.24 元/（100 m^2）；定额 04020249 中材料费单价为：9.46 + 747.00 × 0.510 = 390.43 元/（100 m^2）。

④ 查第 2 章表 2-27 和表 2-28 知：市政工程的管理费率为 28%，利润率为 15%。

【解】 工程量计算：

（1）面层：[8 –（0.2 × 2）] × 500 = 7.6 × 500 = 3 800（m^2）

（2）25 cm 基层：[8 +（0.125 × 2）+（0.15 × 2）] × 500 = 8.55 × 500 = 4 275（m^2）

（3）30 cm 灰土层：

顶宽为：8.55 + 0.25 × 2 = 9.05（m）

底宽为：9.05 + 0.3 × 2 = 9.65（m）

平均宽：（9.05 + 9.65）/2 = 18.7/2 = 9.35（m）

面积为：9.35 × 500 = 4 675（m^2）

（4）路槽-路基顶面宽：（9.35 + 1 + 1）× 500 = 5 675（m^2）

（5）土方计算：

[10 × 1 –（0.15 × 8）–（1 × 0.1 × 2）] × 500 + 1/2 × 1 × 1 × 2 × 500 = 4 800（m^2）

（6）平石（侧石）：L = 500 × 2 = 1 000（m）

（7）人行道和米砂：S =（1 – 0.125）× 2 × 500 = 875（m^2）（米砂同人行道）

【例 4-3】 某城市道路为水泥混凝土路面，全长 1 200 m，路面宽度为 15 m，两侧路肩各宽 1 m。在该道路的 K0 + 300 ~ K0 + 750 为挖方路段，道路横断面如图 4-5 所示。又由于该路段的雨量较大，为保护路基不受水灾，故在两侧设置截水沟与边沟，同时在该路的中央分隔带下设置盲沟以隔断流向路基的泉水和地下集中水流，并将水流引入地面排水沟，盲沟平面如图 4-6 所示，试求截水沟及盲沟的工程量。

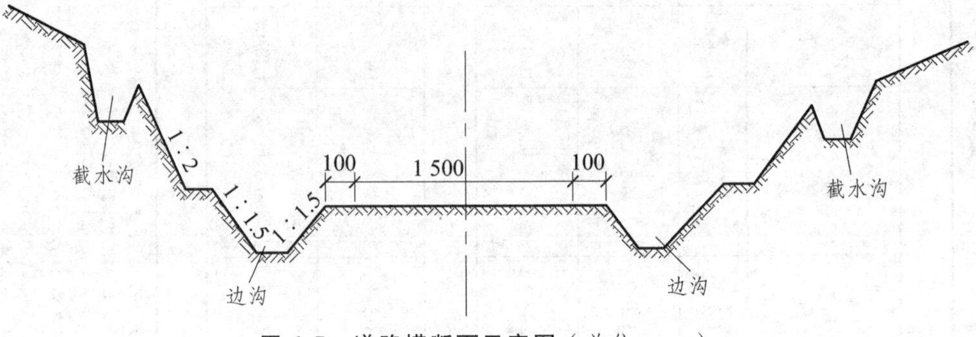

图 4-5 道路横断面示意图（单位：cm）

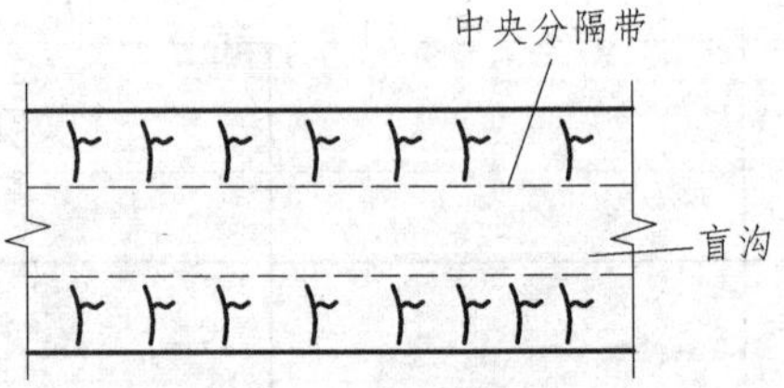

图 4-6 盲沟平面示意图

【解】 依题意，截水沟长度为：

（750 − 300）× 2 = 900.00（m）

盲沟长度：1 200.00 m。

【例 4-4】 某道路全长 800 m，路面宽 18 m，路堤断面如图 4-7 所示，地基土中掺石，两侧路肩宽为 1 m，掺石率为 10%，试求掺石工程量并编制工程量清单表。

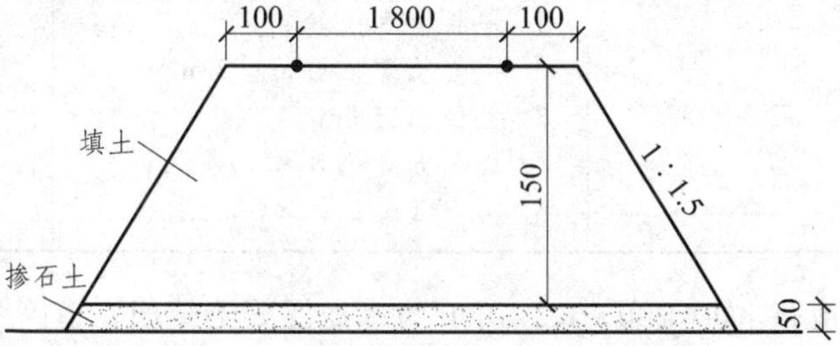

图 4-7 路堤断面图（单位：cm）

【解】 依题意可知，路基掺石项目编码为 040201006001。

路基掺石的体积为：

$$800\times(18+1\times2+1.5\times1.5\times2+0.5\times1.5)\times0.5=10\,100\ (\text{m}^3)$$

工程量清单编制结果见表 4-12。

表 4-12 工程量清单表

项目编码	项目名称	项目特征	计量单位	工程量
040201006001	掺石	1. 材料品种、规格：碎石 2. 掺石率：10%	m^3	10 100

【例 4-5】 某路段为 K0+320～K0+550，路面宽 21 m，两侧路肩宽均为 1 m，上中打入石灰砂桩进行路基处理，砂桩直径为 15 cm，桩长为 2 m，桩间距 15 cm，路基断面如图 4-8 所示，计算石灰砂桩的工程量并编制工程量清单表。

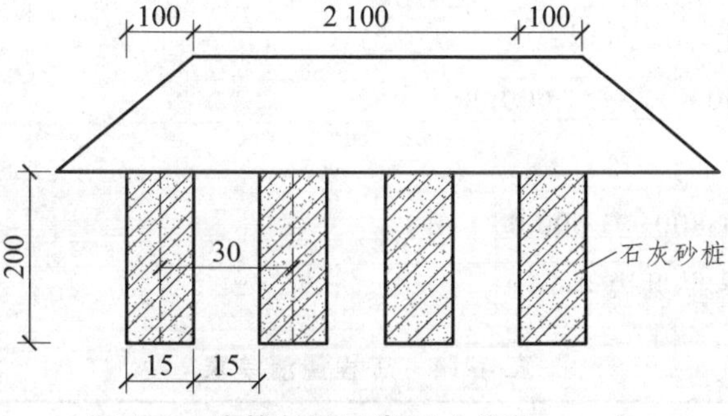

图 4-8 路基断面示意图（单位：cm）

【解】 石灰砂桩个数计算得：

$$[(21+1\times2)/0.3+1]\times[(550-320)/0.3+1]=59\,904\ (\text{个})$$

石灰砂桩的长度计算得：

$$59\,904\times2=119\,808\ (\text{m})$$

工程量清单编制结果见表 4-13。

表 4-13　工程量清单表

项目编码	项目名称	项目特征	计量单位	工程量
040201016001	石灰砂桩	1. 地层情况：×× 2. 空桩长度、桩长：2 m 3. 桩径：15 cm 4. 成孔方式：×× 5. 灰土级配：××	m	119808

【例 4–6】　某道路 K0 + 200 ~ K2 + 000 为水泥混凝土结构，道路结构如图 4-9 所示，道路横断面如图 4-10 所示，路面修筑宽度为 12 m，路肩各宽 1 m，两侧设边沟排水，计算道路工程量并编制工程量清单表。

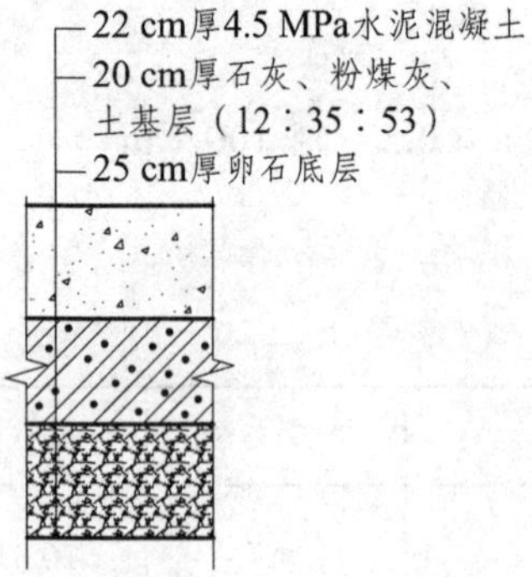

图 4-9　道路结构示意图

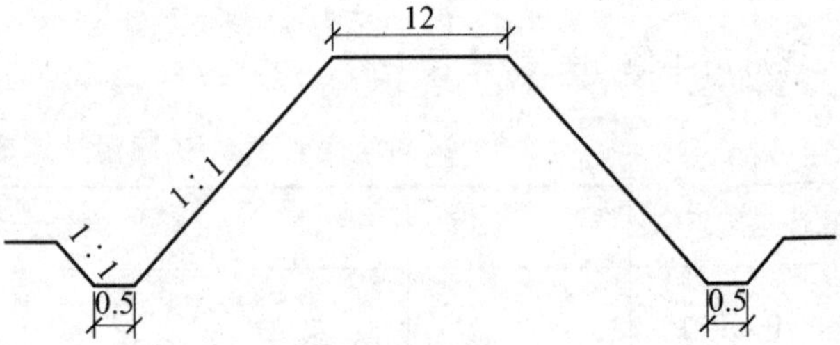

图 4-10　道路横断面示意图（单位：m）

【解】　根据清单工程量计算规则，得：

卵石底层面积：

$$1\ 800\times 12=21\ 600.00\ (\text{m}^2)$$

石灰、粉煤灰、土基层面积：

$$1\ 800\times 12=21\ 600.00\ (\text{m}^2)$$

边沟长度：

$$2\times 1\ 800=3\ 600.00\ (\text{m})$$

工程量清单编制结果见表 4-14。

表 4-14　工程量清单表

序号	项目编码	项目名称	项目特征	计量单位	工程量
1	040202010001	卵石	1. 石料规格：卵石 2. 厚度：厚 25 cm	m²	21 600
2	040202004001	石灰、粉煤灰、土	1. 配合比：12∶35∶53 2. 厚度：20 cm	m²	21 600
3	040201021001	排水沟	1. 材料品种：土质 2. 断面尺寸：0.5 m×0.5 m	m	3 600

【例 4-7】 某市道路长 400 m，为沥青混凝土结构，道路结构如图 4-11 所示，路面宽 10 m，路肩各宽 1 m，路基中掺入石灰（含灰量 10%），计算道路工程量并编制工程量清单表。

【解】 根据清单工程量计算规则，得：

石灰垫层面积：

$$400 \times 10 = 4\ 000\ (m^2)$$

石灰粉煤灰基层面积：

$$400 \times 10 = 4\ 000\ (m^2)$$

沥青混凝土面层面积：

$$400 \times 10 = 4\ 000\ (m^2)$$

掺入石灰量：$4\ 000 \times 0.05 = 200\ (m^3)$

工程量清单编制结果见表 4-15。

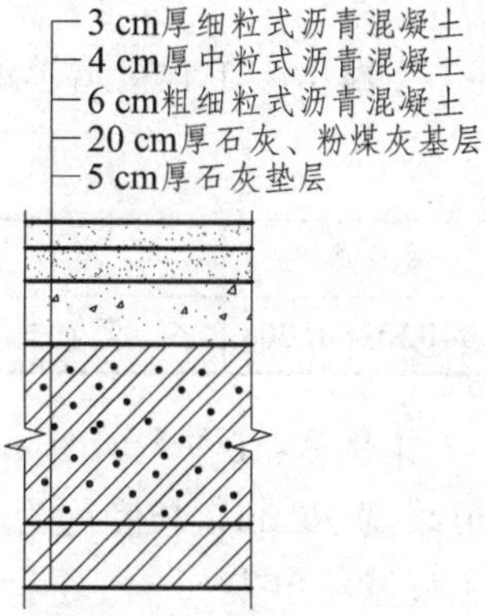

图 4-11 道路结构图

表 4-15 工程量清单表

序号	项目编码	项目名称	项目特征	计量单位	工程量
1	040202001001	垫层	5 cm 厚石灰垫层	m^2	4 000
2	040202004001	石灰、粉煤灰	20 cm 厚石灰粉煤灰垫层	m^2	4 000
3	040203004001	沥青混凝土	6 cm 厚粗粒式沥青混凝土	m^2	4 000
4	040203004002	沥青混凝土	4 cm 厚中粒式沥青混凝土	m^2	4 000
5	040203004003	沥青混凝土	3 cm 厚细粒式沥青混凝土	m^2	4 000
6	040201002001	掺石灰	石灰含灰量 10%	m^3	200

【例 4-8】 某场地道路为橡胶、塑料面层，路宽 8 m，长 800 m，求橡胶、塑料面层工程量并编制工程量清单表。

【分析】依题意可知，该项目编码为 040203007001；橡胶、塑料弹性面层接设计图示尺寸以面积计算，不扣除各种井所占面积。橡胶、塑料面层面积计算得

$$800 \times 8 = 6\ 400\ (m^2)$$

【解】 工程量清单编制结果见表 4-16。

表 4-16 工程量清单表

项目编码	项目名称	项目特征	计量单位	工程量
040203007001	橡胶、塑料弹性面层	橡胶、塑料面层	m^2	6 400

【例 4-9】 某道路全长 750 m，路面宽度为 12 m。用沥青作结合料，将沥青浇灌在原来路面上作为新的道路磨耗层，沥青贯入深度为 8 cm，试计算沥青贯入工程量并编制工程量清单表。

【分析】依题意，该项目编码为 040203002001，根据清单工程量计算规则按设计图示尺寸以面积计算，不扣除各种井所占面积。沥青贯入面积计算得：

$$750\times12=9\,000\ (m^2)$$

【解】 工程量清单编制结果见表 4-17。

表 4-17 工程量清单表

项目编码	项目名称	项目特征	计量单位	工程量
040203002001	沥青贯入式	贯入深度为 8 cm	m^2	9 000

【例 4-10】 如图 4-12 所示，某城市干道交叉口平面图人行道线宽 30 cm，长度均为 1.4 m，试计算人行道线的工程量并编制工程量清单表。

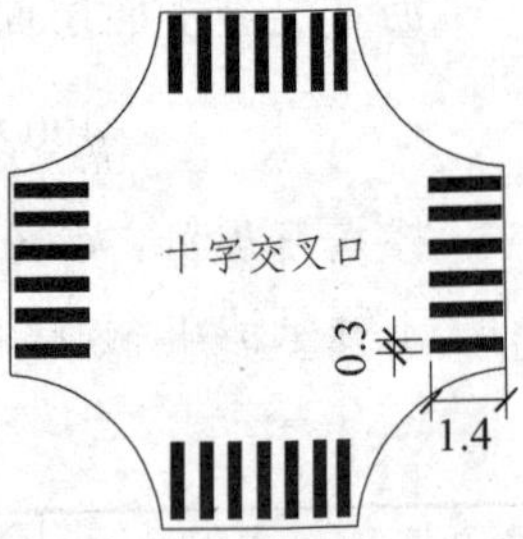

图 4-12 交叉口平面图

【分析】依题意，该项目编码为 040205008001，人行道线工程量按设计图示面积计算。

【解】 人行道线面积计算得：

$$0.3\times1.4\times(2\times7+2\times6)=10.92\ (m^2)$$

工程量清单编制结果见表 4-18。

表 4-18 工程量清单表

项目编码	项目名称	项目特征	计量单位	工程量
040205008001	横道线	人行横道线	m^2	10.92

【例 4-11】 某道路长 500 m，路幅宽 25 m，人行道两侧各宽 6 m，路缘石宽为 20 cm，求人行道工程量并编制工程量清单表。道路断面见图 4-13，人行道结构示意图如图 4-14 所示。

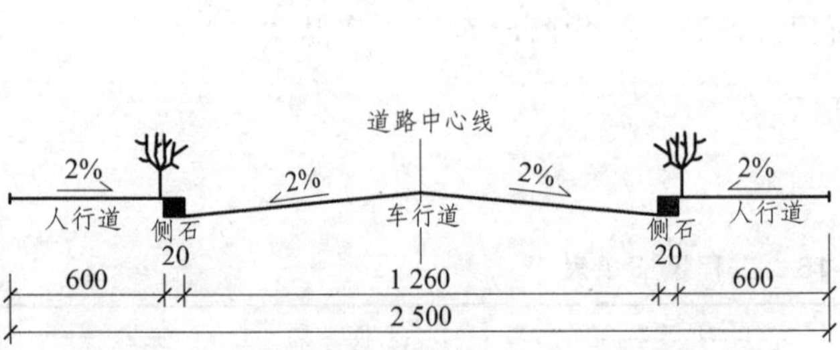

图 4-13 道路断面图（单位：cm）

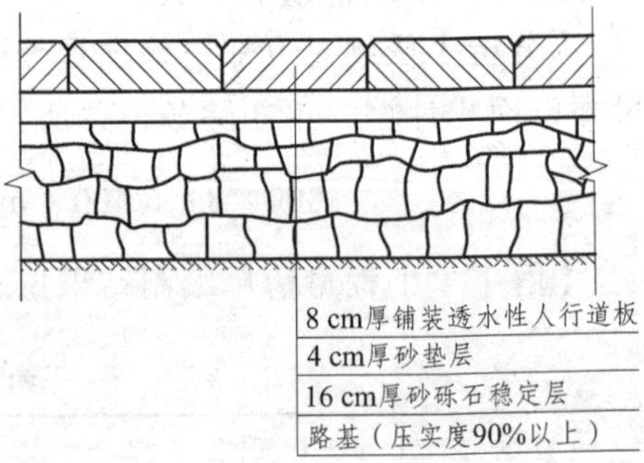

图 4-14 人行道结构示意图（单位：cm）

【解】 依题意可知，清单工程量计算如下。

砂砾石稳定层面积计算得：

$$6\times2\times500=6\,000\ (m^2)$$

砂垫层面积计算得：

$$6\times2\times500=6\ 000\ (\text{m}^2)$$

人行道板的面积计算得：

$$6\times2\times500=6\ 000\ (\text{m}^2)$$

工程量清单编制结果见表 4-19。

表 4-19　清单工程量计算表

项目编码	项目名称	项目特征	计量单位	工程量
040202001001	垫层	砂垫层厚 4 cm	m^2	6 000
040202008001	砂砾石	砂砾石稳定层厚 16 cm	m^2	6 000
040204001001	人行道块料铺设	透水性人行道板厚 8 cm	m^2	6 000

【例 4–12】　某道路横断面如图 4-15 所示，其中：两条机动车道宽各 24 m，两条非机动车道宽 12 m。求 100 m 长道路各分项工程的工程量并计算直接工程费、人工费、机械费。

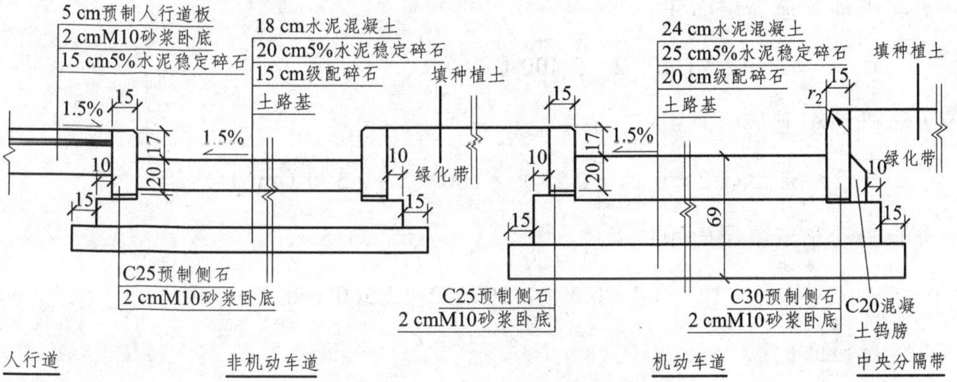

水泥稳定基层碎石材料集料的级配范围

方筛孔尺寸/mm 通过质量百分率/%	40	31.5	19	9.5	4.75	2.36	0.6	0.075
基层		100	88.99	57 ~ 77	29 ~ 49	17 ~ 35	8 ~ 22	0 ~ 7
垫层	100	93 ~ 98	74 ~ 89	49 ~ 69	29 ~ 52	8 ~ 38	18 ~ 22	0 ~ 7

说明：

1. 本图尺寸以 cm 计。
2. 机动车道路面设计抗弯拉强度大于等于 4.5 MPa，基层回弹模量大于等于 100 MPa。
3. 非机动车道路面设计抗弯拉强度大于等于 4.5 MPa，基层回弹模量大于等于 80 MPa。
4. 土基模量必须大于等于 25 MPa，级配碎石顶面回弹模量必须大于等于 30 MPa。
5. 中央分隔带采用高侧石，侧石每节长 1 m。
6. 水泥稳定碎石 7 天抗压强度不小于 3.0 MPa。
7. 混凝土路面养护 28 天后方可开放交通。
8. 路基采用塘渣回填，基层下 30 cm 范围内，塘渣粒径不大于 10 cm；30 cm 以下，塘渣粒径不大于 15 cm。
9. 填方固体率不小于 85%。

图 4-15　水泥混凝土路面结构图

【解】

（1）C25 预制侧石长度：

$$L = 100 \times 6 = 600\ (\text{m})$$

（2）C30 预制侧石长度：

$$L = 100 \times 2 = 200\ (\text{m})$$

（3）机动车道面层面积：

$$S_1 = 24 \times 100 \times 2 = 4\ 800\ (\text{m}^2)$$

（4）机动车道基层面积：

$$S_2 = (24 + 0.25 + 0.35) \times 100 \times 2 = 4\ 920\ (\text{m}^2)$$

（5）机动车道垫层面积：

$$S_3 = (24 + 0.4 + 0.5) \times 100 \times 2 = 4980\ (\text{m}^2)$$

（6）非机动车道面层面积：

$$S_4 = 12 \times 100 \times 2 = 2\ 400\ (\text{m}^2)$$

（7）非机动车道基层面积：

$$S_5 = (12 + 0.25 + 0.25) \times 100 \times 2 = 2\ 500\ (\text{m}^2)$$

（8）非机动车道垫层面积：

$$S_6 = (12 + 0.4 + 0.4) \times 100 \times 2 = 2\ 560\ (\text{m}^2)$$

（9）人行道面积：

$$S_7 = (6 - 0.15) \times 100 \times 2 = 1\ 170\ (\text{m}^2)$$

（10）人行道板 2 cm 砂浆卧底：

$$V_1 = 1\ 170 \times 0.02 = 23.4\ (\text{m}^2)$$

（11）人行道基层：

$$S_8 = (6 - 0.15) \times 100 \times 2 = 1\ 170\ (\text{m}^2)$$

（12）侧石垫层：

$$V_2 = 800 \times 0.15 \times 0.02 = 2.4\ (\text{m}^3)$$

（13）C20 混凝土坞膀（图 4-16）：

$$V_3 = (0.1 \times 0.15 + 1/2 \times 0.12 \times 0.1) \times 100 \times 2$$
$$= 4.2\ (\text{m}^3)$$

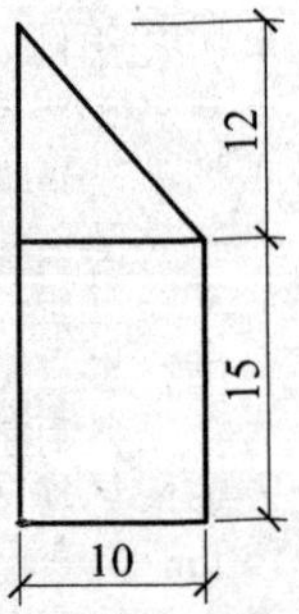

图 4-16　混凝土坞膀

直接工程费、人工费、机械费计算表见表 4-20。

表 4-20 直接工程费、人工费、机械费计算表

定额号	项目名称	单位	数量	直接工程费/元		其中人工费/元		其中机械费/元	
				单价	合计	单价	合计	单价	合计
S_2-1	路床碾压检验	m^2	7 540	1.00	7 540	O. 15	1 131	0.73	5 504
S_2-2	人行道整形碾压	m^2	1 170	0.90	1 053	0.7	819	0.08	94
S_2-153×2	20 cm 厚级配碎石底层	m^2	4 980	17.60	87 648	2.12	10 558	2.22	11 056
S_2-105×2	30 cm 厚 5010 水泥稳定碎石	m^2	4 920	35.30	173 676	2.48	12 202	1.50	7 380
S_2-106×5	5%水泥稳定碎石每减 1 cm	m^2	4 920	− 5.55	− 27 306	− 0.3	− 1 476	− 0.04	− 197
S_2-239	24 cm 水泥混凝路面（商品砼）	m^2	4 800	74.46	357 408	3.95	18 960	0.08	384
S_2-154	15 cm 级配碎石底层人工配合	m^2	2 560	12.57	32 179	1.31	3 354	1.32	3 379
S_2-105	15 cm 厚 5%水泥稳定碎石	m^2	2 500	17.65	44 125	1.24	3 100	O.75	1 875
S_2-106×5	5%水泥稳定碎石每增 1 cm	m^2	2 500	5.55	13 875	0.3	750	0.04	100
S_2-236	18 cm 厚商品混凝土路面	m^2	2 400	56.55	135 720	3.66	8 784	0.06	144
S_2-105	15 cm 厚 5%水泥稳定碎石	m^2	1 170	17.65	20 651	1.24	1 451	O. 75	878
S_2-132	基层养生（洒水车洒水）	m^2	8 590	0.14	1 203	0.03	258	0.06	515
S_2-261	水泥混凝土路面养生（草袋）	m^2	7 200	1.66	11 952	0.47	3 384		
S_2-271	人行道砖铺装 （周长≤1 m）	m^2	1 170	26.05	30 479	5.53	6 470		
S_2-276	侧石安砌（C25 预制侧石）	m	600	36.91	22 146	4.35	2 610		
S_2-276	侧石安砌（C30 预制侧石）	m	200	36.91	7 382	4.35	870		
S_2-285	人行道砖垫层（水泥砂浆）	m^3	23.4	205.3	4 804	36.18	847		
S_2-288	侧石垫层（水泥砂浆）	m^3	2.4	208.9	501	39.78	95		
S_2-290H	C20 混凝土坞膀	m^3	4.2	219.21	921	60.84	256		
	合计				9 25 957		74 423		31 112

【习题与思考题】

1. 某城市主干道路面工程部分的直接工程费为 135 678.45 元，其中人工费为 436 591.60 元，机械费为 146 752.80 元，试计算以下措施费。

① 现场施工护栏 500 m（玻璃钢、封闭式、混凝土基础、高 2.5 m）。

② 安全文明施工费。

③ 其他措施项目费。

2. 某城市主干道长 2 500 m，路面宽度为 31.8 m，机动车道为双向 4 车道，每车道宽为 4 m，非机动车道为 3.5 m，人行道宽为 3.0 m，路基加宽值为 0.3 m，为了夜间行车方便和绿化城市环境，分别在机动车道和非机动车道之间每隔 25 m 设一路灯，每隔 5 m 栽一棵树。已计算出的分项工程工程量如表 4-21 所示。试计算其中 6 cm 粗粒式沥青混凝土的综合单价。

表 4-21　某城市主干道分项工程清单工程量与定额工程量

序号	清单编码	清单分项工程名称	构造做法	计量单位	清单工程量	定额分项工程名称	定额工程量
1	040203004001	沥青混凝土	4 cm 细粒式沥青混凝土	m^2	40 000	4 cm 细粒式沥青混凝土	40 000
2	040203004002	沥青混凝土	5 cm 中粒式沥青混凝土	m^2	40 000	5 cm 中粒式沥青混凝土	40 000
3	040203004003	沥青混凝土	6 cm 粗粒式沥青混凝土	m^2	40 000	6 cm 粗粒式沥青混凝土	40 000

第 5 章　城镇给水排水管道工程计量与计价

5.1　城镇给水排水管道工程清单编制

5.1.1　市政管网清单编制概述

（1）市政管网工程与通用安装工程的执行界限。

① 给水管道执行界限如图 5-1 所示。

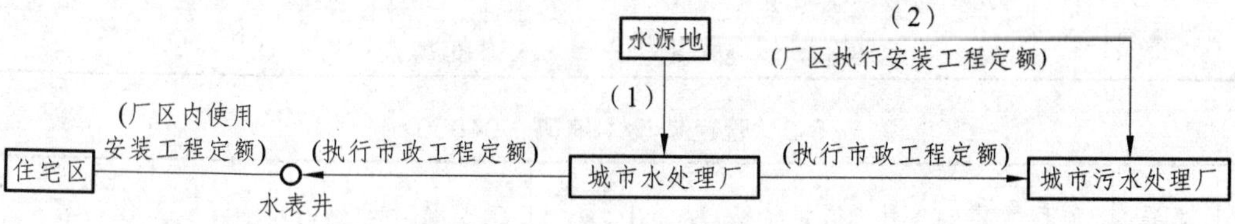

图 5-1　给水管网执行界限示意图

② 排水管道执行界限如图 5-2 所示。

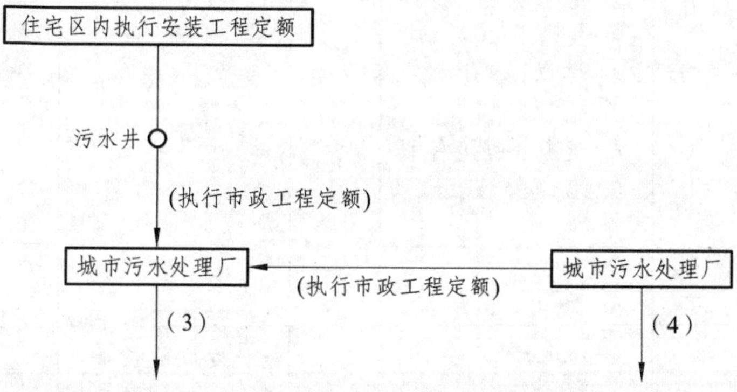

其中：（1）、（2）为水源管道，（3）、（4）为总排水管道

图 5-2　排水管网执行界限示意图

（2）市政管网工程分部分项工程量清单编制，应根据《市政工程工程量计算规范》（GB 500857—2013）附录 E 管网工程规定的统一项目编码、项目名称、项目特征、计量单位和工程量计算规则编制。市政管网工程所包含的清单项目见表 5-1。

5.1.2　清单分项及工程量计算规则

1. 管道铺设（编码：040501）

市政管网工程中常用管道主要有混凝土管、钢管、铸铁管、塑料管、直埋式预制保温箱等。管道铺设等共 20 个清单项目，其清单项目设置及工程量计量规则见表 5-2。

表 5-1 管网工程所包含的清单项目

名称	包含的清单项目
管道铺设	管道铺设包括混凝土管、钢管、铸铁管、塑料管、直埋式预制保温箱、管道架空跨越、隧道（沟、管）内管道、水平导向钻进、夯管、顶（夯）管工作坑、预制混凝土工作坑、顶管、土壤加固、新旧管连接、临时放水管线、砌筑方沟、混凝土方沟、砌筑渠道、混凝土渠道、警示（示踪）带铺设
管件、阀门及附件安装	管件、阀门及附件安装包括铸铁管管件、钢管管件制作、安装，塑料管管件，转换件，阀门，法兰，盲堵板制作、安装，套管制作、安装，水表，消火栓，补偿器（波纹管），除污器组成、安装。凝水缸，调压器，过滤器，分离器，安全水封，检漏（水）管
支架制作及安装	支架制作及安装包括砌筑支墩、混凝土支墩、金属支架制作、安装、金属吊架制作、安装
管道附属构筑物	管道附属构筑物包括砌筑井、混凝土井、塑料检查井、砖砌井筒、预制混凝土井筒、砌体出水口、混凝土出水口、整体化粪池、雨水口

表 5-2 管道铺设（编码：040501）

项目编码	项目名称	项目特征	计量单位	工程量计量规则	工作内容
040501001	混凝土管	1. 垫层厚度、基础材质及厚度 2. 管座材质 3. 规格 4. 接口方式 5. 铺设深度 6. 混凝土强度等级 7. 管道检验及试验要求	m	按设计图示中心线长度以延长米计算。不扣除附属构筑物、管件及阀门等所占长度	1. 垫层、基础铺筑及养护 2. 模板制作、安装、拆除 3. 混凝土拌和、运输、浇筑、养护 4. 管道铺设 5. 管道接口 6. 管道检验及试验
040501002	钢管	1. 垫层、基础材质及厚度 2. 材质及规格 3. 接口方式 4. 铺设深度 5. 管道检验及试验 6. 集中防腐运距			1. 垫层、基础铺筑及养护 2. 模板制作、安装、拆除 3. 混凝土拌和、运输、浇筑、养护 4. 管道铺设 5. 管道检验及试验 6. 集中防腐运输
040501003	铸铁管				
040501004	塑料管	1. 垫层、基础材质及厚度 2. 材质及规格 3. 连接形式 4. 铺设深度 5. 管道检验及试验			1. 垫层、基础铺筑及养护 2. 模板制作、安装、拆除 3. 混凝土拌和、运输、浇筑、养护 4. 管道铺设 5. 管道检验及试验

续表 5-2

项目编码	项目名称	项目特征	计量单位	工程量计量规则	工作内容
040501005	直埋式预制保温箱	1. 垫层材质及厚度 2. 材质及规格 3. 接口方式 4. 铺设深度 5. 管道检验及试验的要求	m	按设计图示中心线长度以延长米计算。不扣除附属构筑物、管件及阀门等所占长度	1. 垫层铺筑及养护 2. 管道铺设 3. 接口处保温 4. 管道检验及试验
040501006	管道架空穿越	1. 管道架设高度 2. 管道材质及规格 3. 接口方式 4. 管道检验及试验要求 5. 集中防腐运距	m	按设计图示中心线长度以延长米计算。不扣除管件及阀门等所占长度	1. 管道架设 2. 管道检验及试验 3. 集中防腐运输
040501007	隧道（沟、管）内管道	1. 基础材质及厚度 2. 混凝土强度等级 3. 材质及规格 4. 接口方式 5. 管道检验及试验要求 6. 集中防腐运距	m	按设计图示中心线长度以延长米计算。不扣除附属构筑物、管件及阀门等所占长度	1. 基础铺筑及养护 2. 模板制作、安装、拆除 3. 混凝土拌和、运输、浇筑、养护 4. 管道铺设 5. 管道检测及试验 6. 集中防腐运输
040501008	水平导向钻进	1. 土壤类别 2. 材质及规格 3. 一次成孔长度 4. 接口方式 5. 泥浆方式 6. 管道检验及试验 7. 集中防腐运距	m	按设计图示长度以延长米计算	1. 设备安装、拆除 2. 定位、成孔 3. 管道接口 4. 拉管 5. 纠偏、监测 6. 管道检测及试验 7. 集中防腐运输
040501009	夯管	1. 土壤类别 2. 材质及规格 3. 一次夯管长度 4. 接口方式 5. 管道检验及试验 6. 集中防腐运距	m	按设计图示长度以延长米计算	1. 设备安装、拆除 2. 定位、夯管 3. 管道接口 4. 纠偏、监测 5. 管道检测及试验 6. 集中防腐运输
040501010	顶（夯）管工作坑	1. 土壤类别 2. 工作坑平面尺寸及深度 3. 支撑、围护方式 4. 垫层、基础材质及厚度 5. 混凝土强度等级 6. 设备、工作台主要技术要求	座	按工作坑数量计算	1. 支撑、围护 2. 模板制作、安装、拆除 3. 混凝土拌和、运输、浇筑、养护 4. 工作坑内设备、工作台安装及拆除

续表 5-2

项目编码	项目名称	项目特征	计量单位	工程量计量规则	工作内容
040501011	预制混凝土工作坑	1. 土壤类别 2. 工作坑平面尺寸及深度 3. 垫层、基础材质及厚度 4. 混凝土强度等级 5. 设备、工作台主要技术要求 6. 混凝土构件运距			1. 混凝土工作坑制作 2. 下沉、定位 3. 模板制作、安装、拆除 4. 混凝土拌和、运输、浇筑、养护 5. 工作坑内设备、工作台安装及拆除 6. 混凝土构件运输
040501012	顶管	1. 土壤类别 2. 顶管工作方式 3. 管道材质及规格 4. 中继间规格 5. 工具管材质及规格 6. 管道检验及试验要求 8. 集中防腐运距	m	按设计图示长度以延长米计算	1. 管道顶进 2. 管道接口 3. 中继间、工具管及附属设备安装拆除 4. 管内挖、运土及土方提升 5. 机械顶管设备调向 6. 纠偏、监测 7. 洞口止水 8. 管道检测及试验 9. 集中防腐运输
040501013	土壤加固	1. 土壤类别 2. 加固填充材料 3. 加固方式		按设计图示加固段长度以延长米计算	打孔、调浆、灌注
040501014	触变泥浆	1. 土壤类别 2. 泥浆材料 3. 压浆方式		按顶管设计图示长度以延长米计算	调浆、压浆
040501015	新旧管连接	1. 材质及规格 2. 连接方式 3. 带（不带）介质连接	处	按设计图示数量计算	1. 切管 2. 钻孔 3. 连接
040501016	临时放水管线	1. 材质及规格 2. 铺设方式 3. 接口形式		按放水管线长度以延长米计算，不扣除管件、阀门所占长度	管线铺设、拆除
040501017	砌筑方沟	1. 断面规格 2. 垫层、基础材质及厚度 3. 砌筑材料品种、规格、强度等级 4. 混凝土强度等级 5. 砂浆强度等级、配合比 6. 勾缝、抹面要求 7. 盖板材质及规格 8. 伸缩缝（沉降缝）要求 9. 防渗、防水要求 10. 混凝土构件运距	m	按设计图示尺寸以延长米计算	1. 模板制作、安装、拆除 2. 混凝土拌和、运输、浇筑、养护 3. 砌筑 4. 勾缝、抹面 5. 盖板安装 6. 防止、止水 7. 混凝土构件运输

续表 5-2

项目编码	项目名称	项目特征	计量单位	工程量计量规则	工作内容
040501018	混凝土方沟	1. 断面规格 2. 垫层、基础材质及厚度 3. 混凝土强度等级 4. 伸缩缝（沉降缝）要求 5. 盖板材质及规格 6. 防渗、防水要求 7. 混凝土构件运距	m	按设计图示尺寸以延长米计算	1. 模板制作、安装、拆除 2. 混凝土拌和、运输、浇筑、养护 3. 盖板安装 4. 防止、止水 5. 混凝土构件运输
040501019	砌筑渠道	1. 断面规格 2. 垫层、基础材质及厚度 3. 砌筑材料品种、规格、强度等级 4. 混凝土强度等级 5. 砂浆强度等级、配合比 6. 勾缝、抹面要求 7. 伸缩缝（沉降缝）要求 8. 防渗、防水要求	m	按设计图示尺寸以延长米计算	1. 模板制作、安装、拆除 2. 混凝土拌和、运输、浇筑、养护 3. 渠道砌筑 4. 勾缝、抹面 5. 防止、止水
040501020	混凝土渠道	1. 断面规格 2. 垫层、基础材质及厚度 3. 混凝土强度等级 4. 伸缩缝（沉降缝）要求 5. 防渗、防水要求 6. 混凝土构件运距			1. 模板制作、安装、拆除 2. 混凝土拌和、运输、浇筑、养护 3. 防止、止水 4. 混凝土构件运输
040501021	警示（示踪）带铺设	规格		按铺设长度以延长米计算	铺设

2. 管件、阀门及附件安装（编码：040502）

管件、阀门及附件安装共包含 18 个清单项目，其清单项目设置及工程量计算规则见表 5-3。

表 5-3　管件、阀门及附件安装（编码：040502）

项目编码	项目名称	项目特征	计量单位	工程量计量规则	工作内容
040502001	铸铁管管件	1. 种类 2. 材质及种类 3. 接口形式	个	按设计图示数量计算	安装
040502002	钢管管件制作、安装				制作、安装

续表 5-3

项目编码	项目名称	项目特征	计量单位	工程量计量规则	工作内容
040502003	塑料管管件	1. 种类 2. 材质及种类 3. 连接形式	个	按设计图示数量计算	安装
040502004	转换件	1. 材质及规格 2. 接口形式			
040502005	阀门	1. 种类 2. 材质及种类 3. 连接形式 4. 试验要求			安装
040502006	法兰	1. 材质、规格、结构形式 2. 连接方式 3. 焊接方式 4. 垫片材质		按设计图示数量计算	安装
040502007	盲堵板制作、安装	1. 材质、规格、结构形式 2. 连接方式			制作、安装
040502008	套管制作、安装	1. 形式、材质及规格 2. 管内填充材质			
040502009	水表	1. 规格 2. 安装方式			安装
040502010	消火栓	1. 规格 2. 安装部位、方式			
040502011	补偿器（波纹管）	1. 规格 2. 安装方式			
040502012	除污器组成、安装		套		组成、安装
040502013	凝水缸	1. 材料品种 2. 型号及规格 3. 连接方式	组		1. 制作 2. 安装
040502014	调压器	1. 规格 2. 型号 3. 连接方式			安装
040502015	过滤器				
040502016	分离器				
040502017	安全水封	规格			
040502018	检漏（水）管				

3. 支架制作及安装（040503）

支架制作及安装共包括 4 个清单项目，其清单项目设置及工程量计量规则见表 5-4。

表 5-4　支架制作及安装（040503）

项目编码	项目名称	项目特征	计量单位	工程量计量规则	工作内容
040503001	砌筑支墩	1. 垫层材质、厚度 2. 混凝土强度等级 3. 砌筑材料、规格、强度等级 4. 砂浆强度等级、配合比	m^3	按设计图示尺寸以体积计算	1. 模板制作、安装、拆除 2. 混凝土拌和、运输、浇筑、养护 3. 砌筑 4. 勾缝、抹面
040503002	混凝土支墩	1. 垫层材质、厚度 2. 混凝土强度等级 3. 预制混凝土构件运距			1. 模板制作、安装、拆除 2. 混凝土拌和、运输、浇筑、养护 3. 预制混凝土支墩安装 4. 混凝土构件运输
040503003	金属支架制作、安装	1. 垫层、基础材质及厚度 2. 混凝土强度等级 3. 支架材质 4. 支架形式 5. 预埋件材质及规格	t	按设计图示质量计算	1. 模板制作、安装、拆除 2. 混凝土拌和、运输、浇筑、养护 3. 支架制作、安装
040503004	金属吊架制作、安装	1. 吊架材质 2. 吊架形式 3. 预埋件材质及规格			制作、安装

4. 管道附属构筑物（040504）

管道附属构筑物共包含 9 个清单项目，其清单项目设置及工程量计算规则见表 5-5。

表 5-5　管道附属构筑物（040504）

项目编码	项目名称	项目特征	计量单位	工程量计量规则	工作内容
040504001	砌筑井	1. 垫层、基础材质及厚度 2. 砌筑材料品种、规格、强度等级 3. 勾缝、抹面要求 4. 砂浆强度等级、配合比 5. 混凝土强度等级 6. 盖板材质、规格 7. 井盖、井圈材质及规格 8. 踏步材质、规格 9. 防渗、防水要求	座	按设计图示数量计算	1. 垫层铺筑 2. 模板制作、安装、拆除 3. 混凝土拌和、运输、浇筑、养护 4. 砌筑、勾缝、抹面 5. 井圈、井盖安装 6. 盖板安装 7. 踏步安装 8. 防水、止水

续表 5-5

项目编码	项目名称	项目特征	计量单位	工程量计量规则	工作内容
040504002	混凝土井	1. 垫层、基础材质及厚度 2. 混凝土强度等级 3. 盖板材质、规格 4. 井盖、井圈材质及规格 5. 踏步材质、规格 6. 防渗、防水要求	座	按设计图示数量计算	1. 垫层铺筑 2. 模板制作、安装、拆除 3. 混凝土拌和、运输、浇筑、养护 4. 井圈、井盖安装 5. 盖板安装 6. 踏步安装 7. 防水、止水
040504003	塑料检查井	1. 垫层、基础材质及厚度 2. 检查井材质、规格 3. 井筒、井盖、井圈材质及规格	座	按设计图示数量计算	1. 垫层铺筑 2. 模板制作、安装、拆除 3. 混凝土拌和、运输、浇筑、养护 4. 检查井安装 5. 井筒、井圈、井盖安装
040504004	砖砌井筒	1. 井筒规格 2. 砌筑材料品种、规格 3. 砌筑、勾缝、抹面要求 4. 砂浆强度等级、配合比 5. 踏步材质、规格 6. 防渗、防水要求	m	按设计图示尺寸以延长米计算	1. 砌筑、勾缝、抹面 2. 踏步安装
040504005	预制混凝土井筒	1. 井筒规格 2. 踏步规格			安装
040504006	砌体出水口	1. 垫层、基础材质及厚度 2. 砌筑材料品种、规格、强度等级 3. 勾缝、抹面要求 4. 砂浆强度等级、配合比	座	按设计图示数量计算	1. 垫层铺筑 2. 模板制作、安装、拆除 3. 混凝土拌和、运输、浇筑、养护 4. 砌筑、勾缝、抹面
040504007	混凝土出水口	1. 垫层、基础材质及厚度 2. 混凝土强度等级			1. 垫层铺筑 2. 模板制作、安装、拆除 3. 混凝土拌和、运输、浇筑、养护
040504008	整体化粪池	1. 材质 2. 型号、规格			安装
040504009	雨水口	1. 雨水箅子及圈口材质、型号、规格 2. 垫层、基础材质及厚度 3. 砌筑材料品种、规格、强度等级 4. 勾缝、抹面要求 5. 砂浆强度等级、配合比			1. 垫层铺筑 2. 模板制作、安装、拆除 3. 混凝土拌和、运输、浇筑、养护 4. 砌筑、勾缝、抹面 5. 雨水箅子安装

5.1.3 管网工程清单项目编制要点

1. 分部分项工程量清单的编制

分部分项工程量清单编制的步骤如下：清单项目列项、编码→清单项目工程量计算→分部分项工程量清单编制。

1）清单项目列项、编码

清单项目列项、编码可按下列顺序进行：

（1）明确工程的招标范围及其他内容。

（2）深读图纸，列出施工项目。

编制分部分项工程量清单，必须认真阅读全套施工图纸，了解工程的总体情况，明确各部分项工程构造，并结合施工方法，按照工程的施工工序，逐个列出工程施工项目。

2）清单项目工程量计算

清单项目列项后，根据施工图纸，按照清单项目的工程量计算规则、计算方法计算各清单项目的工程量。清单项目工程量计算时要注意计量单位。

3）编制分部分项工程量清单

按照分部分项工程量清单的统一格式，编制分部分项工程量清单。

2. 管网工程清单项目有关问题说明

（1）管道铺设项目设置中没有明确区分是给水、排水、燃气还是供热管道，它适用于市政管网管道工程。在列工程量清单时可冠以相应的专业名称以示区别。

（2）管道铺设中的管件、钢支架制作安装及新旧管连接，应分别列清单项目。

（3）顶管清单项目，除工作井的制作及工作井的挖、填方不包括外，包括了其他所有顶管过程的全部内容。

（4）管道法兰连接应单独列清单项目内容包括法兰片的焊接和法兰的连接，法兰管件安装的清单项目包括法兰片的焊接和法兰管体的安装。

（5）刷油、防腐、保温工程、阴极保护及牺牲阳极应按现行国家标准《通用安装工程工程量计算规范》（GB 50856—2013）附录 M 刷油、防腐蚀、绝热工程中相关项目编码列项。

（6）高压管道及管件、阀门安装，不锈钢管及管件、阀门安装，管道焊缝无损探伤应按现行国家标准《通用安装工程工程量计算规范》（GB 50856—2013）附录 H 工业管道中相关项目编码列项。

（7）管道检验及试验要求应按各专业的施工验收规范设计要求，对已完管道工程进行的管道吹扫、冲洗消毒、强度试验、严密性试验、闭水试验等内容进行描述。

（8）阀门电动机需单独安装，应按现行国家标准《通用安装工程工程量计算规范》（GB 50856—2013）附录 K 给排水、采暖、燃气工程中相关项目编码列项。

（9）雨水口连接管应按管道铺设中相关项目编码列项。

5.2 城镇给水排水管道工程计价方法

5.2.1 定额工程量计算规则

1. 给水管道安装

（1）管道安装按施工图中心线的长度以延长米计算（支管长度从主管中心开始计算到支管末端交接处的中心），管件、阀门所占长度已在管道施工损耗中综合考虑，计算工程量不扣除其所占长度。

（2）水压试验、冲洗消毒工程量按设计管道长度以延长米计算。

（3）遇有新旧管连接时，管道安装工程量计算到碰头的阀门处。

2. 给水管道内防腐

管道内防腐按施工图中心线长度以延长米计算，计算工程量时不扣除管件、阀门所占的长度，但管件、阀门的防腐也不另行计算。

3. 给水管件安装

管件、转换件、分水栓、马鞍卡子、二合三通、铸铁穿墙管、水表的安装按施工图数量以个或组为单位计算。

4. 给水管道附庸构筑物

（1）各种井均按设计图数量以座计算。

（2）井深及井筒调增按实际数量以座计算。

（3）管道支墩（挡墩）按设计或施工图示体积以立方米计算，不扣除钢筋、铸铁所占的体积。

5. 定型混凝土排水管道基础及铺设

（1）管道接口区分管径和做法，以接口个数计算工程量。

（2）管道闭水试验，按实际闭水长度以延长米计算，不扣除各种井所占长度。

（3）管道中出水口区分形式、材质及管径以处计算。

（4）各种角度的混凝土基础、垫层、混凝土管、缸瓦管、陶土管、UPVC 管、双壁波纹管、中空壁缠绕结构管、玻璃钢夹砂管铺设。按图示井中至井中的中心线扣除检查井长度，以延长米计算工程量。每座检查井扣除长度按表 5-6 计算（通向雨水进水井的管道按铺设中心线长度计算，不扣除进水井长度）。

6. 定型排水井

（1）各种井按不同井深、井径以座计算。

（2）各类井的井深是指井盖上皮到井基础或混凝土底板上皮的距离，没有基础的到井垫层上皮以延长米计算。

表 5-6　检查井扣除长度

检查井规格/mm	扣除长度/m	检查井规格	扣除长度/m
ϕ700	0.40	各种矩形井	1.00
ϕ1 000	0.70	各种交汇井	1.20
ϕ1 250	0.95	各种扇形井	1.00
ϕ1 500	1.20	圆形跌水井	1.60
ϕ2 000	1.70	矩形跌水井	1.70
ϕ2 500	2.20	阶梯式跌水井	按实扣

7. 排水用非定型井、渠、管道基础及铺设

（1）砌筑按设计图示体积以立方米计算。

（2）抹灰、勾缝按设计图示尺寸以平方米计算。

（3）各种井的预制构件按设计图示体积以立方米计算，井按设计图示构件数量以套计算。

（4）各种井、渠垫层、基础按设计图示尺寸以立方米计算。

（5）沉降缝区分材质按设计图示沉降缝的断面积或铺设长度分别以平方米或延长米计算。

（6）混凝土盖板的制作按设计图示尺寸以立方米计算，安装区分单件（块）以立方米计算。

（7）检查井筒的砌筑用于井深不同的调整和方沟井筒的砌筑，区分高度以座计算，高度与定额不同时执行“井筒砌筑每增 0.5 m”插入法计算调整。

（8）现浇混凝土渠箱按设计图示尺寸以立方米计算。

（9）方沟（包括存水井）闭水试验的工程量，按实际闭水长度的用水量计算。

8. 顶管工程

（1）工作坑土方区分挖土深度，按设计图示尺寸以立方米计算。

（2）顶管按设计图示尺寸以米计算，扣除工作井和接收井长度，扣除长度为顺管线方向按井内净空尺寸减 0.6 m。

（3）顶管接口应区分操作方法、接口材质分别以口的个数和管口断面积计算工程量。

（4）钢板内、外套环的制作，按套环种类以吨计算。

9. 给排水构筑物

1）沉　井

（1）沉井垫木按刃脚中心线以延长米计算。

（2）沉井基坑砂垫层及基础垫层按设计图示尺寸以立方米计算。

（3）刃脚的计算高度，从刃脚踏面至井壁外凸口计算，如沉井井壁没有外凸口时，则从刃脚踏面至底板为准。底板下的地梁并入底板计算。框架梁的工程量包括切入井壁部分的体积。井壁、隔壁或底板混凝土中，不扣除单孔 0.3 m^2 以内孔洞所占体积。

2）钢筋混凝土池

（1）钢筋混凝土各类构件均按图示尺寸，以混凝土实体积计算，不扣除 0.3 m^2 以内孔洞所占体积。

（2）各类池盖中的进入孔、透气孔盖以及以盖相连接的结构，工程量合并在池盖中计算。

（3）平底池的池底体积，应包括池壁下的扩大部分；池底带有斜坡时，斜坡部分应按坡底计算；锥形底应算至壁基梁底面，无壁基梁者算至锥底坡的上口。

（4）池壁分别不同厚度计算体积，如上薄下厚的壁，按平均厚度计算，池壁厚度应自池底板面算至池盖下面。

（5）无梁盖柱的柱高，应自池底上表面算至池盖的下表面，并包括柱座、柱帽的体积。

（6）无梁盖应包括与池壁相连的扩大部分的面积；肋形盖应包括主、次梁及盖部分的体积；球形盖应自池壁面顶面以上，包括边侧梁的体积在内。

（7）沉淀池水槽，系指池壁上的环形槽及纵横 U 型水槽，但不包括与水槽相连接的矩形槽，矩形梁应执行梁的相应项目。

3）预制混凝土构件

（1）预制钢筋混凝土滤板按图示尺寸分厚度以立方米计算，不扣除滤头套管所占的体积。

（2）除钢筋混凝土滤板外其他预制混凝土构件以图示尺寸以立方米计算，不扣除 0.3 平方米以内孔洞所占的体积。

4）折板、壁板制作安装：

（1）折板安装区分材质均按图示尺寸以平方米计算。

（2）稳流板安装区分材质不分断面按图示长度以延长米计算。

5）滤料铺设

各种滤料铺设均图示尺寸要求的铺设平面乘以铺设厚度以立方米计算，锰砂、铁矿石滤料以 t 计算。

6）防水工程

（1）各种防水层按实铺面积，以平方米计算，不扣除 0.3 m^2 以内孔洞所占面积。

（2）平面与立面交接处的防水层，其上卷高度超过 500 mm 时，按立面防水层计算。

7）施工缝

各种材质的施工缝填缝及盖缝均不分断面按设计缝长以延长米计算。

8）井、池渗漏试验

井、池的渗漏试验区分井、池的容量范围，以立方米计算。

5.2.2 工程量计算与计价实例

【例 5-1】 某城市排水工程管线如图 5-3 所示，长 300 m，有 DN500 和 DN600 两种管道，管子采用混凝土污水管（每节长 2 m），180°混凝土基础，水泥砂浆接口（180°管基），3 座圆形直径为 1 000 mm 的砖砌检查井，求管道铺设、检查井的清单工程量、定额工程量和综合单价。

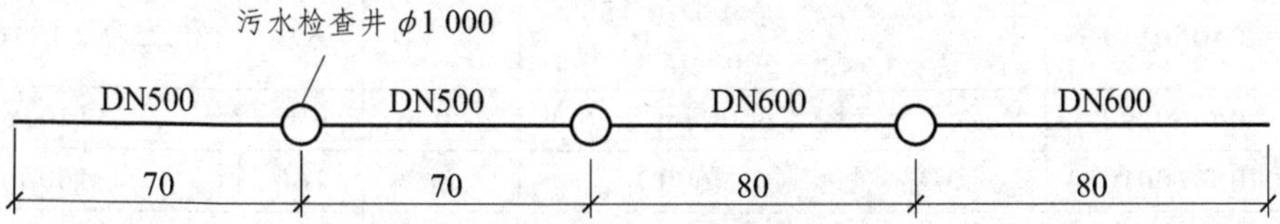

图 5-3 某排水工程管线示意图

【解】 （1）项目列项。

该工程为排水工程，查表 5-2 知，不同管径的管道铺设需要分别列出清单项目，工作内容包括基础铺设、管道铺设、管道接口及闭水试验；砖砌检查井单列清单项目，工作内容包括垫层铺筑、砌筑、勾缝、抹面，井圈、井盖安装等。查用《××省市政工程消耗量定额》，清单项与定额项的对应关系如表 5-7 所示。

表 5-7 排水工程清单项与定额项的对应关系

清单项				定额项			
序号	项目编码	项目名称	计算单位	序号	定额编码	定额名称	计算单位
1	040501001001	混凝土管（DN500）	m	1	04060024	平接（企口）式管道基础 180°（公称直径 500 mm 以内）	100 m
				2	04060049	混凝土管道铺设人机配合下管（公称直径 500 mm 以内）	100 m
				3	04060159	排水管道水泥砂浆接口（180°管基）（公称直径 500 mm 以内）	10 个口
				4	04060297	管道闭水试验（600 mm 以内）	100 m
2	040501001001	混凝土管（DN600）	m	1	04060025	平接（企口）式管道基础 180°（公称直径 600 mm 以内）	100 m
				2	04060050	混凝土管道铺设人机配合下管（公称直径 600 mm 以内）	100 m
				3	04060160	排水管道水泥砂浆接口（180°管基）（公称直径 500 mm 以内）	10 个口
				4	04060297	管道闭水试验（600 mm 以内）	100 m
3	040504001001	砖砌井	座	1	04060417	砖砌圆形污水检查井（井径 1 000 mm）	座

（2）工程量计算。

对照表 5-7，分别计算不同项目的清单工程量及与之对应的定额工程量，结果见表 5-8。

表 5-8　工程量计算表

序号	项目编码	项目名称	计算单位	工程量	计算式
1	040501001001	混凝土管（DN500）	m	140	140 m
	04060024	平接（企口）式管道基础 180°（公称直径 500 mm 以内）	100 m	1.39	140 − 0.35×3 = 138.95 m
	04060049	混凝土管道铺设人机配合下管（公称直径 500 mm 以内）	100 m	1.40	140 m
	04060159	排水管道水泥砂浆接口（180°管基）（公称直径 500 mm 以内）	10 个口	6.9	138.95/2 − 1 = 68.475 个
	04060297	管道闭水试验（600 mm 以内）	100 m	1.40	140 m
2	040501001002	混凝土管（DN600）	m	160	160 m
	04060025	平接（企口）式管道基础 180°（公称直径 600 mm 以内）	100 m	1.59	160 − 0.35×3 = 158.95 m
	04060050	混凝土管道铺设人机配合下管（公称直径 600 mm 以内）	100 m	1.60	160 m
	04060160	排水管道水泥砂浆接口（180°管基）（公称直径 500 mm 以内）	10 个口	7.9	158.95/2 − 1 = 78.475 个
	04060297	管道闭水试验（600 mm 以内）	100 m	1.60	160 m
3	040504001001	砖砌井	座	3	3 座
	04060417	砖砌圆形污水检查井（井径 1 000 mm）	座	3	3 座

（3）定额套用。

查用《××省市政工程消耗量定额》，相关的项目如表 5-9 ~ 5-13 所示。

表 5-9　排水工程相应定额节录（一）

工作内容：混凝土捣固、养生、材料场内运输　　　　　　　　　　计量单位：100 m

定额编号				04060022	04060023	04060024	04060025
项目名称				平接（企口）式管道基础 180°			
				公称直径（mm 以内）			
				300	400	500	600
基价/元				1285.53	2048.56	2778.88	3619.08
其中	人工费/元			1080.91	1761.11	2404.76	3121.37
	材料费/元			45.23	73.69	100.63	130.62
	机械费/元			159.39	213.76	273.49	367.09
名称		单位	单价/元	数量			
材料	混凝土 C15	m^3		（9.078）	（14.790）	（20.196）	（26.214）
	水	m^3	5.60	7.998	13.030	17.793	23.095
	其他材料费	元	1.00	0.445	0.725	0.990	1.284
机械	机动翻斗车 装载质量 1t	台班	150.17	0.966	1.268	1.609	2.169
	混凝土振捣器 插入式	台班	15.47	0.926	1.509	2.060	2.674

表 5-10　排水工程相应定额节录（二）

工作内容：排管、下管、调直、找平、槽上搬运、材料场内运输　　　　计量单位：100 m

定额编号				04060047	04060048	04060049	04060050
项目名称				混凝土管道平接（企口）式人机配合下管			
				公称直径（mm 以内）			
				300	400	500	600
基价/元				856.29	1 029.01	1 353.17	1 711.75
其中	人工费/元			552.69	649.66	865.00	1 066.67
	材料费/元						
	机械费/元			303.6	379.35	488.17	645.08
名称		单位	单价/元	数量			
材料	钢筋混凝土管	m		（101.000）	（101.000）	（101.000）	（101.000）
机械	汽车式起重机 8 t	台班	601.19	0.505	0.631	0.812	1.073

表 5-11　排水工程相应定额节录（三）

工作内容：清理管口、调运砂浆、填缝、抹带、压实、养生、材料场内运输

计量单位：10 个口

定额编号				04060157	04060158	04060159	04060160
项目名称				水泥砂浆接口（180°管基）			
				公称直径（mm 以内）			
				300	400	500	600
基价/元				62.01	68.36	75.42	83.51
其中	人工费/元			56.21	61.01	66.44	72.89
	材料费/元			5.80	7.35	8.98	10.62
	机械费/元						
名称		单位	单价/元	数量			
材料	水泥砂浆 1：2.5	m^3		（0.023）	（0.029）	（0.037）	（0.043）
	水泥砂浆 1：3	m^3		（0.002）	（0.002）	（0.002）	（0.002）
	草袋	条	2.44	1.914	2.423	2.964	3.505
	水	m^3	5.60	0.189	0.242	0.294	0.347
	其他材料费	元	1.00	0.070	0.080	0.100	0.120

表 5-12 排水工程相应定额节录（四）

工作内容：调运砂浆、砌堵、抹灰、注水、排水、拆堵、现场清理、材料场内运输

计量单位：100 m

定额编号				04060296	04060297	04060298	04060299
项目名称				管道闭水试验			
				公称直径（mm 以内）			
				400	600	800	1000
基价/元				209.65	403.4	612.96	888.96
其中	人工费/元			118.18	195.15	277.94	392.29
	材料费/元			91.47	208.25	335.02	496.67
	机械费/元						
	名称	单位	单价/元	数量			
材料	水泥砂浆 1∶2	m^3		（0.0063）	（0.014）	（0.023）	（0.037）
	水泥砂浆 M7.5	m^3		（0.036）	（0.070）	（0.124）	（0.194）
	标准砖	千块		（0.073）	（0.165）	（0.290）	（0.456）
	镀锌铁丝	kg	5.38	0.680	0.680	0.680	0.680
	焊接钢管 DN40	m	17.47	0.030	0.030	0.030	0.030
	橡胶管	m	1.91	1.500	1.500	1.500	1.500
	水	m^3	5.60	14.994	35.847	58.485	87.350
	其他材料费	元	1.00	0.460	0.460	0.460	0.460

表 5-13 排水工程相应定额节录（五）

工作内容：混凝土搅拌、捣固、抹平、养生、调运砂浆、砌筑、抹灰、井盖井座安装、材料水平及垂直运输

计量单位：座

定额编号		04060416	04060417	04060418	04060419
项目名称		砖砌圆形污水检查井			
		井径（mm），适用管径（mm），井深（m 内）			
		700	1 000	1 250	1 500
		<400	400 ~ 600	600 ~ 800	800 ~ 1 000
		2	2.5	3	3.5
基价/元		381.21	674.18	951.54	1 097.72
其中	人工费/元	276.86	501.91	732.77	871.13
	材料费/元	100.58	166.69	210.18	205.34
	机械费/元	3.77	5.58	8.59	21.25

续表 5-13

名　称		单位	单价/元	数量			
材料	混凝土 C15	m^3		(0.136)	(0.296)	(0.541)	(0.694)
	水泥砂浆 1∶2	m^3		(0.251)	(0.387)	(0.504)	(0.633)
	水泥砂浆 M7.5	m^3		(0.475)	(0.926)	(1.383)	(1.568)
	标准砖	千块		(0.758)	(1.481)	(2.211)	(2.509)
	铸铁井盖井座	套		(1.000)	(1.000)	(1.000)	(1.000)
	煤焦油沥青漆	kg	14.00	1.046	1.461	1.588	1.599
	草袋	条	2.44	1.602	2.423	3.255	6.885
	电	kW·h	0.73	0.056	0.084	0.128	0.316
	水	m^3	5.60	0.441	0.735	1.071	1.911
	铸铁爬梯	kg	5.00	14.948	26.159	33.633	29.896
	其他材料费	元	1.00	4.780	5.350	5.750	5.740
机械	机动翻斗车，装载质量 1 t	台班	150.17	0.011	0.016	0.025	0.062
	混凝土搅拌机	台班	151.10	0.014	0.021	0.032	0.079

（4）材料价格查询。

经查询，某地市政工程相应材料的价格如表 5-14 所示。

表 5-14　某地市政工程相应材料参考价格

序号	材料名称	单位	单价	序号	材料名称	单位	单价
1	混凝土 C15	元/m^3	265	5	水泥砂浆 1∶2	元/m^3	340
2	钢筋混凝土管 DN500/600	元/m	120/150	6	水泥砂浆 M7.5	元/m^3	330
3	水泥砂浆 1∶2.5	元/m^3	330	7	标准砖	元/千块	450
4	水泥砂浆 1∶3	元/m^3	320	8	铸铁井盖井座	元/套	1450

（5）材料费重新计算。

查表 5-9 ~ 表 5-13 可以看出，由于表中存在未计价材，因而材料费单价为不完全单价，须加入未计价材后重新计算，结果如表 5-15 所示。

表 5-15　材料费重新计算表

序号	定额编号	定额名称	材料费单价	计算式
1	04060024	平接（企口）式管道基础 180°（公称直径 500 mm 以内）	5 452.57（元/100 m）	$100.63 + 265 \times 20.196 = 5\ 452.57$
2	04060025	平接（企口）式管道基础 180°（公称直径 600 mm 以内）	7 077.33（元/100 m）	$130.62 + 265 \times 26.214 = 7\ 077.33$

续表 5-15

序号	定额编号	定额名称	材料费单价	计算式
3	04060049	混凝土管道铺设人机配合下管（公称直径 500 mm 以内）	12 120.00（元/100 m）	$0+120\times101.00=12\ 120.00$
4	04060050	混凝土管道铺设人机配合下管（公称直径 600 mm 以内）	15 150.00（元/100 m）	$0+150\times101.00=15\ 150.00$
5	04060159	排水管道水泥砂浆接口（180°管基）（公称直径 500 mm 以内）	22.47（元/10 个）	$8.98+330\times0.037+320\times0.002=22.47$
6	04060160	排水管道水泥砂浆接口（180°管基）（公称直径 500 mm 以内）	26.41（元/10 个）	$10.62+330\times0.043+320\times0.002=26.41$
7	04060297	管道闭水试验（600 mm 以内）	310.36（元/100 m）	$208.25+340\times0.014+330\times0.070+450\times0.165=310.36$
8	04060417	砖砌圆形污水检查井（井径 1 000 mm）	2 798.74（座）	$166.69+265\times0.296+340\times0.387+330\times0.926+450\times1.481+1450\times1=2798.74$

（6）综合单价计算。

将前述几个步骤计算得到的数据代入某地规定的“综合单价分析表”，结果如表 5-16 所示。表中“综合单价单价组成明细”的“数量”为相对量。

$$\text{数量}=\text{定额量}/\text{计量单位扩大倍数}\div\text{清单量} \tag{5.1}$$

【例 5-2】 某市政给水管为 DN300 的球墨铸铁管（每节长 4 m），长度为 80 m，管道基础为砂垫层（厚 100 mm），工程量为 10.08 m^3，采用承插推入式橡胶圈连接，管道内防腐采用地面离心机械内涂，环氧煤沥青管道外防腐（二底二面），设计要求对管道进行水压试验及冲洗消毒，铺设管道时需挖土方。试编制管道铺设的分部分项工程量清单及综合单价。

【解】

（1）分部分项工程量清单编制，如表 5-17 所示。

（2）定额工程量计算。

① 砂垫层基础：10.08 m^3。

② 管道铺设：80 m。

③ 管道水压试验：80 m。

④ 管道消毒冲洗：80 m。

⑤ 内防腐（地面离心机械内涂）：80 m。

⑥ 管道环氧煤沥青管道外防腐：$0.3\times3.1416\times80=75.40$（$m^2$）。

表 5-16 综合单价分析表

序号	项目编码	项目名称	计量单位	工程量	清单综合单价组成明细											综合单价
					定额编号	定额名称	定额单位	数量	单价/元			合价/元				
									人工费	材料费	机械费	人工费	材料费	机械费	管理费和利润	
1	040501001001	混凝土管（DN500）	m	140	04060024	平接（企口）式管道基础 180°（公称直径 500 mm 以内）	100 m	0.009 9	2 404.76	5 452.57	273.49	23.87	54.12	2.71	10.36	241.36
					04060049	混凝土管道铺设人机配合下管（公称直径 500 mm 以内）	100 m	0.010 0	865.00	12 120.0	488.17	8.65	121.20	4.88	3.89	
					04060159	排水管道水泥砂浆接口（180°管基）（公称直径 500 mm 以内）	10 个口	0.049 3	66.44	22.47		3.27	1.11	0.00	1.41	
					04060297	管道闭水试验（600 mm 以内）	100 m	0.010 0	195.15	310.36		1.95	3.10	0.00	0.84	
					合计							37.74	179.53	7.60	16.49	
2	040501001002	混凝土管（DN600）	m	160	04060025	平接（企口）式管道基础 180°（公称直径 600 mm 以内）	100 m	0.009 9	3 121.37	7 077.33	367.09	31.21	70.77	3.67	13.55	303.84
					04060050	混凝土管道铺设人机配合下管（公称直径 600 mm 以内）	100 m	0.001 0	1 066.67	15 150.00	645.08	10.60	150.51	6.41	4.78	
					04060160	排水管道水泥砂浆接口（180°管基）（公称直径 600 mm 以内）	10 个口	0.049 4	72.89	26.41		3.60	1.30	0.00	1.55	
					04060297	管道闭水试验（600 mm 以内）	100 m	0.010 0	195.15	310.36		1.95	3.10	0.00	0.84	
					合计							47.36	225.69	10.08	20.71	
3	040504001001	砖砌井	座	3	04060417	砖砌圆形污水检查井（井径 1 000 mm）	座	1.000	501.91	2 798.74	5.58	501.91	2 798.74	5.58	216.01	3 522.24
					合计							501.91	2 798.74	5.58	216.01	

表 5-17　分部分项工程量清单

序号	项目编码	项目名称	项目特征	计量单位	工程数量
1	040501 003001	铸铁管	1. 垫层基础材质及厚度：砂垫层，厚 100 mm 2. 管道材质及规格：球墨铸铁管 DN300 3. 接口方式：承插推入式橡胶圈接口 4. 埋设深度：2 m 以内 5. 管道检验及试验要求：水压试验，管道冲洗消毒 6. 集中防腐运距：地面离心机械内涂，环氧煤沥青管道外防腐（二底二面）	m	80

（3）定额套用。

查用《××省市政工程消耗量定额》，相关的给水项目如表 5-18～表 5-23 所示。

表 5-18　给水工程相应定额节录（一）

工作内容：回填、平整、夯实、材料场内运输　　　　计量单位：10 m^3

定额编号				04010062
项目名称				沟槽回填砂
基价/元				259.09
其中	人工费/元			219.24
	材料费/元			16.80
	机械费/元			23.05
名称		单位	单价/元	数量
材料	中粗砂	m^3		（12.700）
	水	m^3	5.60	3.000
机械	电动夯实机，夯击能力 20～62 Nm	台班	28.81	0.800

表 5-19　给水工程相应定额节录（二）

工作内容：检查和清理管材、切管、管道安装、上胶圈　　　　计量单位：10 m

定额编号				04050043	04050044	04050045	04050046
项目名称				球墨铸铁管安装（胶圈接口）			
				公称直径（mm 以内）			
				150	200	300	400
基价/元				105.06	139.45	232.53	289.48
其中	人工费/元			103.10	135.94	176.18	218.47
	材料费/元			1.96	3.51	4.12	6.76
	机械费/元					52.23	64.25
名称		单位	单价/元	数量			
材料	球墨铸铁直管	m		（10.000）	（10.000）	（10.000）	（10.000）
	橡胶圈	套		（1.720）	（1.720）	（1.720）	（1.720）
	氧气	m^3	3.6	0.085	0.151	0.220	0.414
	乙炔气	m^3	27.00	0.028	0.050	0.073	0.138
	润滑油	kg	10.20	0.088	0.158	0.133	0.151
机械	汽车式起重机 8 t	台班	601.19			0.06	0.08
	载重汽车，装载质量 5 t	台班	403.92			0.04	0.04

表 5-20　给水工程相应定额节录（三）

工作内容：制堵盲板、安拆打压设备、灌水加压、清理现场　　　　　计量单位：100 m

定额编号				04050167	04050168	04050169	04050170
项目名称				管道试压			
				公称直径（mm 以内）			
				100	200	300	400
基价/元				327.12	419.63	555.42	703.88
其中	人工费/元			236.61	289.25	391.97	465.56
	材料费/元			62.72	92.89	125.05	190.22
	机械费/元			27.79	37.49	38.40	48.10
名称		单位	单价/元	数量			
材料	法兰阀门 DN50	个	84.80	0.007	0.007	0.007	0.007
	平焊法兰 DN50	片	35.29	0.013	0.013	0.013	0.013
	钢板，厚 4.5～10	kg	4.80	0.817	2.460	3.873	4.737
	镀锌钢管 DN50×3.5	m	35.01	1.020	1.020	1.020	1.020
	石棉橡胶板高压，厚 1～6	kg	18.00	0.600	0.900	0.897	2.100
	带帽带垫螺栓	kG	8.72	0.150	0.240	0.380	0.670
	水	m^3	5.60	0.864	3.450	7.770	13.820
	乙决气	m^3	27.00	0.088	0.128	0.128	0.172
	其他材料费	元	1.00	2.710	3.250	3.270	5.040
机械	立式钻床 25 mm	台班	91.39	0.020	0.030	0.040	0.050
	试压泵 MPa	台班	87.82	0.100	0.200	0.200	0.300
	电焊条烘干箱 60×50×75	台班	21.94	0.010	0.010	0.010	0.010
	直流电焊机功率 20 kW	台班	169.61	0.100	0.100	0.100	0.100

表 5-21　给水工程相应定额节录（四）

工作内容：溶解漂白粉、灌水消毒、冲洗　　　　　计量单位：100 m

定额编号				04050185	04050186	04050187	04050188	04050189
项目名称				管道消毒冲洗				
				公称直径（mm 以内）				
				100	200	300	400	500
基价/元				85.92	174.96	294.60	486.78	722.74
其中	人工费/元			40.88	51.10	58.13	64.52	69.63
	材料费/元			45.04	123.86	236.47	422.26	653.11
	机械费/元							
名称		单位	单价/元	数量				
材料	水	m^3	5.60	8.000	22.000	42.000	75.000	116.000
	漂白粉	kg	1.74	0.140	0.380	0.730	1.300	2.020

表 5-22　给水工程相应定额节录（五）

工作内容：刮管、冲洗、内涂、搭拆工作台　　　　　　　　　　　　计量单位：10 m

定额编号				04050203	04050204	04050205	04050206
项目名称				铸铁管（钢管）地面离心机械内涂防腐			
				公称直径（mm 以内）			
				150	200	300	400
基价/元				39.59	45.74	80.66	159.14
其中	人工费/元			35.84	40.44	55.58	119.58
	材料费/元			0.60	0.81	1.21	1.61
	机械费/元			3.15	4.49	21.87	37.95
名称		单位	单价/元	数量			
材料	矿渣硅酸盐水泥 P.S32.5	t		（0.036）	（0.045）	（0.072）	（0.090）
	中粗砂	m^3		（0.045）	（0.063）	（0.099）	（0.126）
	水	m^3	5.60	0.108	0.144	0.216	0.288
机械	涂料机，小型	台班	47.18	0.030	0.040	0.050	
	汽车式起重机 8 t	台班	601.19			0.030	0.040
	灰浆搅拌机 200 L	台班	86.90	0.02	0.03	0.040	0.070
	涂料机，中型	台班	71.11				0.110

表 5-23　给水工程相应定额节录（六）

工作内容：除锈、运料、填料干燥、过筛、表面清洗、配料、涂刷、检测　　计量单位：10 m^2

定额编号				04050247	04050248	04050249	04050250
项目名称				管道外环氧煤沥青涂料防腐			
				底漆两遍	底漆增一遍	面漆两遍	面漆增一遍
基价/元				132.22	65.54	92.92	45.94
其中	人工费/元			90.07	44.72	64.52	32.58
	材料费/元			17.38	8.48	12.55	6.16
	机械费/元			24.77	12.34	15.85	7.20
名称		单位	单价/元	数量			
材料	环氧煤沥青漆	kg		（4.400）	（2.080）	（4.200）	（1.900）
	丙酮	kg	13.00	1.140	0.560	0.840	0.410
	石英粉	kg	0.70	0.660	0.220		

续表 5-23

定额编号				04050247	04050248	04050249	04050250
材料	砂布	张	0.57	0.220	0.110		
	漆刷	把	2.50	0.140	0.070	0.110	0.060
	滚筒	把	13.50	0.120	0.060	0.100	0.050
机械	电火花检测仪	台班	144.06	0.160	0.080	0.110	0.050
	手提砂轮机,直径 150 mm	台班	9.05	0.19	0.09		

（4）材料价格查询。

经查询，某地市政工程相应材料的价格如表 5-24 所示。

表 5-24　某地市政工程相应材料参考价格

序号	材料名称	单位	单价	序号	材料名称	单位	单价
1	中粗砂	元/m^3	70	4	矿渣硅酸盐水泥 P.S32.5	元/t	330
2	球墨铸铁直管	元/m	200	5	环氧煤沥青漆	元/kg	60
3	橡胶圈	元/套	15.28				

（5）材料费重新计算。

查表 5-18 ~ 表 5-23 可以看出，由于表中存在未计价材，因而材料费单价为不完全单价，须加入未计价材后重新计算，结果如表 5-25 所示。

表 5-25　材料费重新计算表

序号	定额编号	定额名称	材料费单价	计算式
1	04010062	沟槽回填砂	905.80（元/10 m^3）	$16.80+70\times12.700=905.80$
2	04050045	球墨铸铁管安装（胶圈接口）DN300	2 030.40（元/100 m）	$4.12+200\times10.000+15.28\times1.720=2\,030.40$
3	04060205	铸铁管（钢管）地面离心机械内涂防腐 DN300	31.90（元/10 m）	$1.21+330\times0.072+70\times0.099=31.90$
4	04050247	管道外环氧煤沥青涂料防腐底漆两遍	281.38（元/10 m^2）	$17.38+60\times4.400=281.38$
5	04050249	管道外环氧煤沥青涂料防腐面漆两遍	264.55（元/10 m^2）	$12.55+60\times4.200=264.55$

（6）综合单价计算。

将前述几个步骤计算得到的数据代入某地规定的“综合单价分析表”，结果如表 5-26 所示。

表 5-26 综合单价分析表

序号	项目编码	项目名称	计量单位	工程量	清单综合单价组成明细											综合单价
					定额编号	定额名称	定额单位	数量	单价/元			合价/元				
									人工费	材料费	机械费	人工费	材料费	机械费	管理费和利润	
1	040501003001	铸铁管	m	80	04010062	沟槽回填砂	10 m^3	0.012 6	219.24	905.80	23.05	2.76	11.41	0.29	1.20	337.34
					04050045	球墨铸铁管安装(胶圈接口)DN300	10 m	0.100 0	176.18	2030.40	52.23	17.62	203.04	5.22	7.76	
					04050169	管道试压DN300	100 m	0.010 0	391.97	125.05	38.40	3.92	1.25	0.38	1.70	
					04050187	管道消毒冲洗DN300	100 m	0.010 0	58.13	236.47		0.58	2.36	0.00	0.25	
					04050205	铸铁管(钢管)地面离心机械内涂防腐DN300	10 m	0.010 0	55.58	31.9	21.87	0.56	0.32	0.22	0.25	
					04050247	管道外环氧煤沥青涂料防腐底漆两遍	10 m^2	0.094 3	90.07	281.38	24.77	8.49	26.52	2.33	3.73	
					04050249	管道环氧煤沥青管道外防腐面漆两遍	10 m^2	0.094 3	64.52	264.55	15.85	6.08	24.93	1.49	2.67	
					合计							40.01	269.84	9.94	17.55	

【例 5-3】 在市政管网工程中，常用到各种渠道，其中包括砌筑渠道和混凝土渠道，试计算如图 5-4 所示砌筑渠道的相应工程量（渠道总长 100 m）。

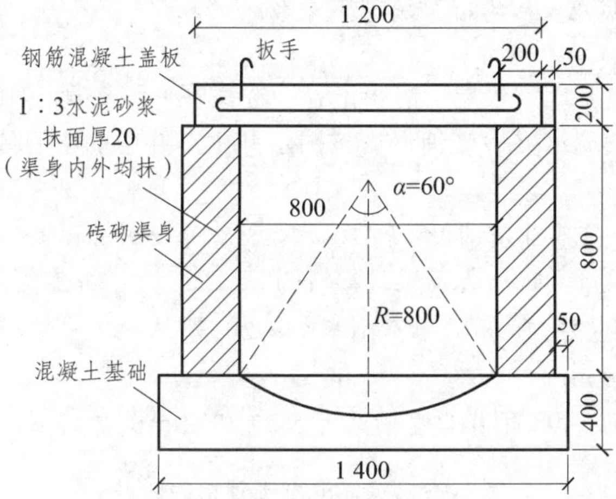

图 5-4 砌筑渠道剖面图

【解】（1）查表 5-2 知，该项目为砌筑渠道（0405010019）清单工程量按设计图示尺寸以长度计算为 100 m。

（2）定额工程量砌筑按实体体积计算，井、渠垫层、基础按实体体积计算，各类混凝土盖板的制作按实体体积计算。

① 混凝土基础：$[1.4\times0.4-(\frac{1}{6}\pi0.8^2-\frac{\sqrt{3}}{4}\times0.8^2)]\times100=50.2$（$m^3$）

② 墙身砌筑：$100\times0.8\times0.25\times2=40$（$m^3$）

③ 盖板预制：$100\times1.2\times0.2=24$（m^3）

④ 抹面：$100\times0.8\times4=320$（m^2）

【例 5-4】 某市政排水工程主干道如图 5-5 所示，长度为 610 m，采用ϕ600 混凝土管，135°混凝土基础，在主干管上设置雨水检查井 8 座，规格为ϕ1 500，单室雨水井 20 座，雨水口接入管为ϕ225 UPVC 加筋管，共 8 道，每道 8 m，求相应工程量。

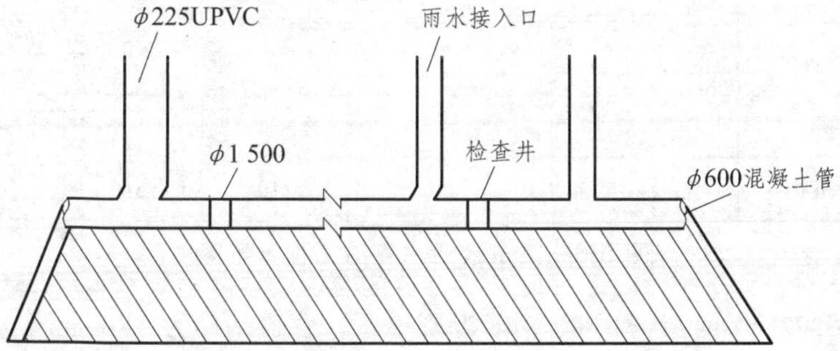

图 5-5 某市政排水工程主干道示意图

【解】（1）清单工程量。

按设计图示管道中心线长度以延长米计算。不扣除附属构筑物、管件及阀门等所占长度。

① ϕ600 混凝土管铺设：610 m

② ϕ225UPVC 加筋管铺设：8 × 8 = 64（m）

③ ϕ1500 雨水检查井：8 座；单室雨水井：20 座

（2）定额工程量。

各种角度的混凝土基础、垫层、混凝土管、缸瓦管、陶土管、UPVC 管、双壁波纹管、中空壁缠绕结构管、玻璃钢夹砂管铺设。按图示井中至井中的中心线扣除检查井长度，以延长米计算工程量。

① ϕ600 混凝土管道基础及铺设：（610 − 1.5 × 8）= 598（m）

② ϕ225UPVC 加筋管铺设：8 × 8 = 64（m）

③ ϕ1 500 雨水检查井：8 座；单室雨水井：20 座

④ 闭水试验：610 m

【例 5–5】 某市政污水管道工程（见表 5-27 和图 5-6）。

表 5-27 钢筋混凝土管相关数据

管径 D	管壁厚 t	管肩宽 a	管基宽 B	管基厚		基础混凝土 /（m^3/m）
				C_1	C_2	
1 000	75	150	1 450	150	575	0.531 9

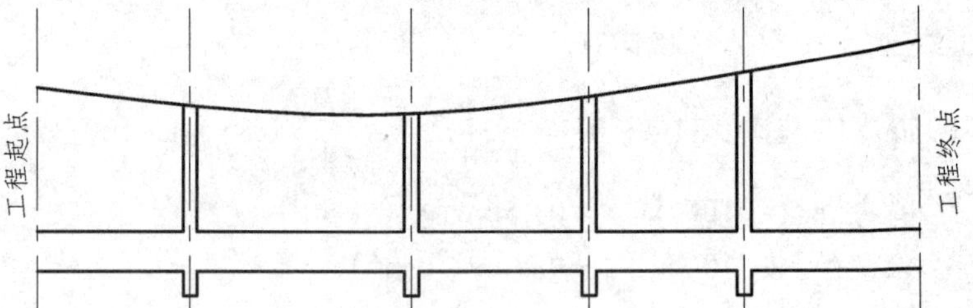

桩号（m）	+000	+035	+085	+125	+160	+200
原地面标高（m）	4.120	4.050	4.053	4.272	4.587	4.900
井面标高（m）		4.050	4.053	4.272	4.587	
管内底标高（m）	1.582	1.617	1.667	1.707	1.742	1.782
窨井编号		W1	W2	W3	W4	
长度（m）		35	50	40	35	40

图 5-6 某市政污水管道工程示意图

按国标 95S222 设计为：ϕ1 000 钢筋混凝土管，管道基础为 180°混凝土基础，接口为钢丝网水泥砂浆抹带平接口。

施工方式为：沟槽挖土采用 1 m^3 反铲挖掘机挖三类土方（坑内挖土、不装车）、人机配合下管，土质为干土，不需要翻挖道路结构层。挖、填土方场内调运 40 m（55 kW 推土机推土)，不考虑机械进退场。

相应施工条件为：

余方弃运按 1 m^3 反铲挖掘机装土、8 t 自卸汽车、运 5 km、不考虑土源费。

填方密实度为 93%，机械回填。

每座圆形污水检查井体积暂定 3.2 m^3，井的直径 1 m、井底 C10 混凝土基础，直径 1.60 m、厚 20 cm，模板按组合木模。

试计算工程量并编制该段路面的分部分项工程量清单综合单价分析表。

【解】 (1)清单工程量计算(见表 5-28)。

表 5-28　清单工程量计算表

序号	项目名称	计算公式	单位	数量
1	挖沟槽土方	井位处挖方＋管位处挖方	m^3	816.60
	各节点处原地面－管内底	起点：4.12－1.582＝2.538		
		W1 处：4.05－1.617＝2.433		
		W2 处：4.053－1.667＝2.386		
		W3 处：4.272－1.707＝2.565		
		W4 处：4.587－1.742＝2.845		
		终点：4.9－1.782＝3.118		
		上述井位处平均 2.557； 井位处挖方加深 0.075＋0.20＝0.275(m)； 管道处挖方加深 0.075＋0.15＝0.225(m)		
	井位处挖方	0.8×0.8×3.1416×(2.557＋0.275)×4	m^3	22.78
	起点～W1 沟槽挖方	((2.538＋2.433)/2＋0.225)×(35－1.60/2)×1.45	m^3	134.41
	W1～W2 沟槽挖方	((2.433＋2.386)/2＋0.225)×(50－1.60)×1.45	m^3	184.89
	W2～W3 沟槽挖方	((2.386＋2.565)/2＋0.225)×(40－1.60)×1.45	m^3	150.36
	W3～W4 沟槽挖方	((2.565＋2.845)/2＋0.225)×(35－1.60)×1.45	m^3	141.90
	W4～终点沟槽挖方	((2.845＋3.118)/2＋0.225)×(40－1.60/2)×1.45	m^3	182.26
2	填方	挖方－构筑物体积	m^3	499.73
	构筑物所占体积	3.2×4＋(0.575×0.575×3.141 6＋0.531 9)×193.6	m^3	316.87
3	余土弃置	816.60－499.73	m^3	316.87
4	D1000 钢筋混凝土管道铺设	200	m	200
5	砖砌检查井	4 座	座	4

（2）定额工程量计算（见表 5-29）。

表 5-29 定额工程量计算表

序号	项目名称	计算公式	单位	数量
	沟槽挖方总量	沟槽宽度 1.45＋0.5×2＝2.45（m）	m^3	2 462.90
	其中：起点～W1 沟槽挖方	2.711×35×（2.45＋2.711×0.67）	m^3	404.81
	W1～W2 沟槽挖方	2.635×50×（2.45＋2.635×0.67）	m^3	555.39
	W2～W3 沟槽挖方	2.701×40×（2.45＋2.701×0.67）	m^3	460.21
	W3～W4 沟槽挖方	2.930×35×（2.45＋2.930×0.67）	m^3	452.56
	W4～终点沟槽挖方	3.207×40×（2.45＋3.207×0.67）	m^3	589.92
1	机械挖三类土	2 462.90×90%	m^3	2 216.61
2	人工配合挖沟槽三类土	2 462.90×10%	m^3	246.29
3	推土机推土	2 462.90	m^3	2 462.90
4	沟槽土方回填	（2 462.90－316.87）×1.15	m^3	2 467.93
5	推土机推土	2 467.93	m^3	2 467.93
6	借土弃置	2 467.93－2 462.90	m^3	5.03
7	混凝土基础	200－0.7×4	m	197.2
8	基础模板	（0.15＋0.575）×2×（200－0.7×4）	m^2	285.94
9	D1000 钢筋混凝土管道	200－0.7×4	m^3	197.2
10	钢丝网水泥砂浆接口	34.5/2－1＋49/2－1＋39/2－1＋34/2－1＋39.5/2－1＝17＋24＋19＋16＋19	口	95
11	管道闭水	200	m	200
12	污水检查井	4	座	4
13	基础模板	2×3.1416×0.8×0.20×4	m^2	4.02
14	砌井井字架	4	座	4

（3）定额套用。

查用《××省市政工程消耗量定额》，相关的项目如表 5-30～表 5-40 所示。

表 5-30 排水工程相应定额节录（一）

工作内容：挖土、装土或抛土于沟、槽边 1 m 以外堆放，修整底边、边坡　计量单位：100 m^3

定额编号		04010004	04010005	04010006	04010007
项目名称		三类土			
		深度（m 以内）			
		2	4	6	8
基价/元		3 230.48	3 728.10	4 466.11	5 526.45
其中	人工费/元	3 230.48	3 728.10	4 466.11	5 526.45
	材料费/元				
	机械费/元				

表 5-31　排水工程相应定额节录（二）

工作内容：推土、弃土、平整、空回；修理边坡；工作面内排水　　计量单位：1 000 m^3

定额编号				04010034	04010035
项目名称				三类土	
				推距 20 m	推距每增加 10 m
基价/元				2 645.74	698.46
其中	人工费/元			344.95	
	材料费/元				
	机械费/元			2 300.79	698.46
名称		单位	单价/元	数量	
机械	履带式推土机（综合一）	台班	1 035.11	2.240	0.680

表 5-32　排水工程相应定额节录（三）

工作内容：挖土，装车，清理机下余土；工作面内排水，清理边坡。　　计量单位：1 000 m^3

定额编号				04010038	04010039
项目名称				挖掘机挖土	
				装车	不装车
				三类土	
基价/元				3 614.82	3 141.85
其中	人工费/元			383.28	383.28
	材料费/元				
	机械费/元			3 231.54	2 758.57
名称		单位	单价/元	数量	
机械	履带式推土机（综合四）	台班	1 363.43	2.027	1.816
	推土机（综合）	台班	1 035.11	0.452	0.273

表 5-33　排水工程相应定额节录（四）

工作内容：运土、卸土　　计量单位：1 000 m^3

定额编号				04010048	04010049
项目名称				自卸汽车运土方	
				运距/km	
				1 以内	每增加 1
基价/元				6 439.87	1 659.73
其中	人工费/元				
	材料费/元				
	机械费/元			6 439.87	1 659.73
名称		单位	单价/元	数量	
机械	自卸汽车（综合四）	台班	633.97	10.158	2.618

表 5-34 排水工程相应定额节录（五）

工作内容：平整场地：厚度在±30 cm 内就地挖、填、找平，工作面内排水　计量单位：1 000 m^2

定额编号				04010050	04010051
项目名称				平整场地	
				推土机	拖式铲运机
基价/元				599.27	446.11
其中	人工费/元			63.88	63.88
	材料费/元				
	机械费/元			535.39	382.23
名称		单位	单价/元	数量	
机械	履带式推土机 75 kW	台班	849.82	0.630	
	拖式铲运机 7 m^3	台班	849.39		0.450

表 5-35 排水工程相应定额节录（六）

工作内容：模板制作、安装、拆除、清理杂物、刷隔离剂、整理堆放、场内外运输

计量单位：100 m^2

定额编号				04010845	04010846	04010847	04010848
项目名称				设备基础（单体体积 m　）			
				5 以内		5 以外	
				钢模	复合木模	钢模	复合木模
基价/元				4 023.54	3 461.93	3 983.77	3 102.63
其中	人工费/元			2 297.76	1 985.07	2 255.60	1 993.50
	材料费/元			1 523.76	1 343.13	1 584.21	965.17
	机械费/元			202.02	133.73	143.96	143.96
名称		单位	单价/元	数量			
材料	镀锌铁丝 10#	kg	5.64	19.050	23.190	23.430	8.610
	圆钉（综合）	kg	5.41	6.640	18.550	8.500	11.860
	铁件	kg	4.30			9.490	
	草板纸 80#	张	0.86	30.000	30.000	30.000	30.000
	定型钢模板	kg	6.20	68.530	1.780	68.030	1.520
	模板木材	m^3	1400.00	0.120	0.120	0.089	0.089
	复合木模板面板	m^2	13.55		1.960		1.960
	钢支撑	kg	6.5	27.980		30.870	
	木支撑	m^3	870.00	0.109	0.523	0.216	0.346
	零星卡具	kg	7.80	42.950	35.330	32.630	27.570
	脱模剂	kg	15.00	10.000	10.000	10.000	10.000
机械	汽车起重机 8 t	台班	601.19	0.160	0.080	0.110	0.110
	载重汽车，装载质量 5 t	台班	403.92	0.260	0.210	0.190	0.190
	木工圆锯机 500 mm	台班	27.02	0.030	0.030	0.040	0.040

表 5-36　排水工程相应定额节录（七）

工作内容：木脚手杆安装、铺翻板子、拆除、堆放整齐、场内运输　　　　计量单位：座

定额编号				04010925	04010926	04010927	04010928	04010929
项目名称				井深（m 以内）				
				2	4	6	8	10
基价/元				77.07	149.99	188.04	284.27	349.75
其中	人工费/元			55.51	109.81	139.77	222.94	274.05
	材料费/元			21.56	40.18	48.27	61.33	75.70
	机械费/元							
名称		单位	单价/元	数量				
材料	镀锌铁丝 10#	kg	5.64	3.080	5.717	6.819	8.796	11.000
	木脚手板 5 cm	m^3	1 084.80	0.002	0.002	0.002	0.002	0.002
	木脚手板 ϕ8～10	m^3	1 780.00	0.001	0.003	0.004	0.005	0.006
	其他材料费	元	1.00	0.240	0.430	0.520	0.650	0.810

表 5-37　排水工程相应定额节录（八）

工作内容：混凝土捣固、养生、材料场内运输　　　　计量单位：100 m

定额编号				04060026	04060027	04060028	04060029	04060030
项目名称				公称直径（mm 以内）				
				700	800	900	1 000	1 100
基价/元				4 810.94	6 281.74	7 958.04	9 828.07	11 889.86
其中	人工费/元			4 148.24	5 416.45	6 862.44	8 474.32	10 252.10
	材料费/元			177.49	231.45	293.61	362.58	438.65
	机械费/元			485.21	633.54	801.99	991.17	1 199.11
名称		单位	单价/元	数量				
材料	混凝土 C15	m^3		（35.700）	（46.614）	（59.058）	（145.860）	（176.460）
	水	m^3	5.60	31.452	41.067	52.030	64.251	77.731
	其他材料费	元	1.00	1.357	1.771	2.244	2.771	3.353
机械	机动翻斗车，装载质量 1 t	台班	150.17	2.856	3.729	4.720	5.834	7.058
	混凝土振捣器，插入式	台班	15.47	3.641	4.755	6.024	7.439	8.999

表 5-38 排水工程相应定额节录（九）

工作内容：排管、下管、调直、找平、槽上搬运、材料场内运输　　计量单位：100 m

定额编号				04060053	04060054	04060055	04060056	04060057
项目名称				人机配合下管				
				公称直径（mm 以内）				
				900	1 000	1 100	1 200	1 350
基价/元				2 794.26	3 403.10	3 468.71	3 757.07	4 089.35
其中	人工费/元			1 760.21	2 104.53	1 936.01	1 952.88	2 130.33
	材料费/元							
	机械费/元			1 034.05	1 298.57	1 532.70	1 804.19	1 959.02
名称		单位	单价/元	数量				
材料	钢筋混凝土管	m	—	（101.000）	（101.000）	（101.000）	（101.000）	（101.000）
机械	汽车起重机 8 t	台班	601.19	1.720	2.160	2.392		
	叉式起重机 3 t	台班	396.05			0.239	0.239	0.260
	汽车式起重机 12 t	台班	714.69				2.392	2.597
	汽车式起重机 16 t	台班	906.84					

表 5-39 排水工程相应定额节录（十）

工作内容：清理管口、调运砂浆、填缝、抹带、压实、养生、材料场内运输

计量单位：10 个口

定额编号				04060182	04060183	04060184	04060185	04060186
项目名称				公称直径（mm 以内）				
				600	700	800	900	1000
基价/元				203.21	248.47	288.62	335.96	379.86
其中	人工费/元			170.05	210.61	246.00	288.29	327.07
	材料费/元			33.16	37.86	42.62	47.67	52.79
	机械费/元							
名称		单位	单价/元	数量				
材料	水泥砂浆 1∶2.5	m^3		（0.062）	（0.071）	（0.081）	（0.091）	（0.101）
	水泥砂浆 1∶3	m^3		（0.013）	（0.018）	（0.023）	（0.029）	（0.037）
	钢丝网 20#（综合）	m^2	7.30	2.794	3.150	3.506	3.862	4.219
	草袋	条	2.44	4.050	4.700	5.410	6.180	6.970
	水	m^3	5.60	0.400	0.470	0.530	0.610	0.690
	其他材料费	元	1.00	0.640	0.760	0.860	0.980	1.120

表 5-40　排水工程相应定额节录（十一）

工作内容：混凝土搅拌、捣固、抹平、养生、调制砂浆、砌筑、抹灰、井盖、井座安装、材料水平及垂直运输

计量单位：座

定额编号				04060416	04060416	04060416
项目名称				井径（mm），适用管径（mm），井深（m 以内）		
				700	1 000	1 250
				≤400	200～600	600～800
				2	2.5	3
基价/元				381.21	674.18	951.54
其中	人工费/元			276.86	501.91	732.77
	材料费/元			100.58	166.69	210.18
	机械费/元			3.77	5.58	8.59
名称		单位	单价/元	数量		
材料	混凝土 C15	m^3		（0.136）	（0.296）	（0.541）
	水泥砂浆 1∶2	m^3		（0.251）	（0.387）	（0.504）
	水泥砂浆 M7.5	m^3		（0.475）	（0.926）	（1.383）
	标准砖 240 mm×115 mm×53 mm	千块		（0.758）	（1.481）	（2.211）
	铸铁井盖井座	套		（1.000）	（1.000）	（1.000）
	煤焦油沥青漆 L01-17	kg	14.00	1.046	1.461	1.588
	草袋	条	2.44	1.602	2.423	3.255
	电	kW·h	0.73	0.056	0.084	0.128
	水	m^3	5.60	0.441	0.735	1.071
	铸铁爬梯	kg	5.00	14.948	26.159	33.633
	其他材料费	元	1.00	4.780	5.350	5.750
机械	机动翻斗车，装载质量 1 t	台班	150.17	0.011	0.016	0.025
	滚筒式混凝土搅拌机，电动，出料容量 400 L	台班	151.10	0.014	0.021	0.032

（4）材料价格查询。

经查询，某地市政工程相应材料的价格如表 5-41 所示。

表 5-41　某地市政工程相应材料参考价格

序号	材料名称	单位	单价	序号	材料名称	单位	单价
1	混凝土 C15	m^3	230	5	水泥砂浆 1∶3	m^3	240
2	钢筋混凝土管	m	1 100	6	水泥砂浆 M7.5	m^3	225
3	水泥砂浆 1∶2	m^3	280	7	标准砖 240 mm×115 mm×53 mm	千块	440
4	水泥砂浆 1∶2.5	m^3	260	8	铸铁井盖井座（1 000 mm）	座	300

（5）材料费重新计算。

查表 5-30 ~ 表 5-40 可以看出，由于表中存在未计价材，因而材料费单价为不完全单价，须加入未计价材后重新计算，结果如表 5-42 所示。

表 5-42　材料费重新计算表

序号	定额编号	定额名称	材料费单价	计算式
1	04060029	平接（企口）式管道基础（180°）管径（1 000 mm 以内）	42 022.12（元/100 m）	8 474.32 + 145.86 × 230 = 42 022.12
2	04060054	平接（企口）式人机配合下管钢筋混凝土管管径（1 000 mm 以内）	111 100.00（元/100 m）	101 × 1 100 = 111 100.00
3	04060186	钢丝网水泥砂浆接口（180°管基）管径（1 000 mm 以内）	87.93（元/10 个口）	52.79 + 0.101 × 260 + 0.037 × 240 = 87.93
4	04060417	砖砌圆形污水检查井井径（1 000 mm），适用管径（200 ~ 600 mm），井深（2.5 m 以内）	1 503.12（元/座）	166.69 + 0.296 × 230 + 0.387 × 280 + 0.926 × 225 + 1.481 × 440 + 1.000 × 300 = 1 503.12

（6）综合单价计算。

将前述几个步骤计算得到的数据代入某地规定的“综合单价分析表”，结果如表 5-43 所示。

表 5-43　综合单价分析表

序号	项目编码	项目名称	计量单位	工程量	清单综合单价组成明细											综合单价
					定额编号	定额名称	定额单位	数量	单价/元			合价/元				
									人工费	材料费	机械费	人工费	材料费	机械费	管理费和利润	
1	040101002001	挖沟槽土方	m^3	817	04010039	反铲挖掘机（斗容量 1.0 m^3）不装车挖干土	1 000 m^3	0.003	383.28		2 758.57	1.15		8.28	0.78	32.19
					04010005	人工挖槽三类干土深度在 4（m 以内）	100 m^3	0.003	3 728.1			11.18			4.81	
					04010034	推土机推土推距 20 m	1 000 m^3	0.003	344.95		2 300.79	1.03		6.9	0.68	
					04010035×2	推土机推距每增加 10 m	1 000 m^3	0.003			698.46			4.19	0.14	
					合　计							13.36		19.37	6.41	
2	040103001001	填方	m^3	500	04010050	填土夯实（推土机）	1 000 m^3	0.004	63.88		535.39	0.26		2.14	0.19	2.59
3	040103002001	余土弃置	m^3	321	04010038	反铲挖掘机（斗容量 1.0 m^3）装车挖干土	1 000 m^3	0.002	383.28		3 231.54	0.77		6.46	0.55	43.76
					04010048	自卸汽车运土方运距 1 km 以内	1 000 m^3	0.002	6 439.87			12.88			5.54	
					04010049×4	自卸汽车运土方运距每增加 1 km	1 000 m^3	0.002	1 659.73			12.28			5.28	
					合计							25.93		6.46	11.37	
4	040501001001	混凝土管道铺设	m	200	04060029	平接（企口）式管道基础（180°）管径（1 000 mm 以内）	100 m	0.01	8 474.32	42 022.12	991.17	84.74	420.22	9.91	36.78	1 733.08
					04060054	平接（企口）式人机配合下管钢筋混凝（1 000 mm 以内）土管管径	100 m	0.01	2 104.53	111 100	1 298.57	21.05	1 111	12.99	9.5	
					04060186	钢丝网水泥砂浆接口（180°管基）管径（1 000 mm 以内）	10 个口	0.048	327.07	87.93		15.85	4.22		6.82	
					合计							121.64	1 535.4	22.9	53.1	
5	040504001001	砌筑检查井	座	4	04060417	砖砌圆形污水检查井井径（1 000 mm），适用管径（200～600 mm），井深（2.5 m 以内）	座	1	501.91	1 503.12	5.58	501.91	1 503.1	5.58	216.01	2 458.41
					04010842	基础木模	100 m^2	0.01	784.96	2 284.79	48.75	7.85	22.85	0.49	3.39	
					04010926	木制井字架井深（4 m 以内）	座	1	109.81	40.18		109.81	40.18		47.22	
					合计							619.57	1 566.2	6.07	266.62	

【习题与思考题】

1. 什么是给水系统？它由哪些部分组成？
2. 市政给水管道工程系统由哪些部分组成？其任务是什么？
3. 给水管道施工图的内容有哪些？
4. 市政排水工程的任务是什么？
5. 常用的排水管材有哪些？各有什么优缺点？
6. 检查井的作用是什么？其设置有哪些要求？
7. 雨水口的作用是什么？其设置有哪些要求？
8. 排水管道施工图的内容有哪些？
9. 在某街道新建排水工程中，其雨水进水井采用了单平篦（680 mm×380 mm）雨水进水井，井深 1.0 m，具体尺寸如图 5-7、图 5-8 所示，试计算相应工程量。

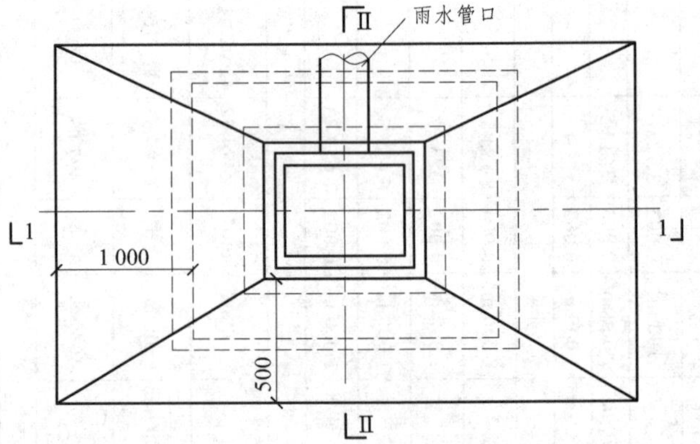

图 5-7 雨水进水井平面图

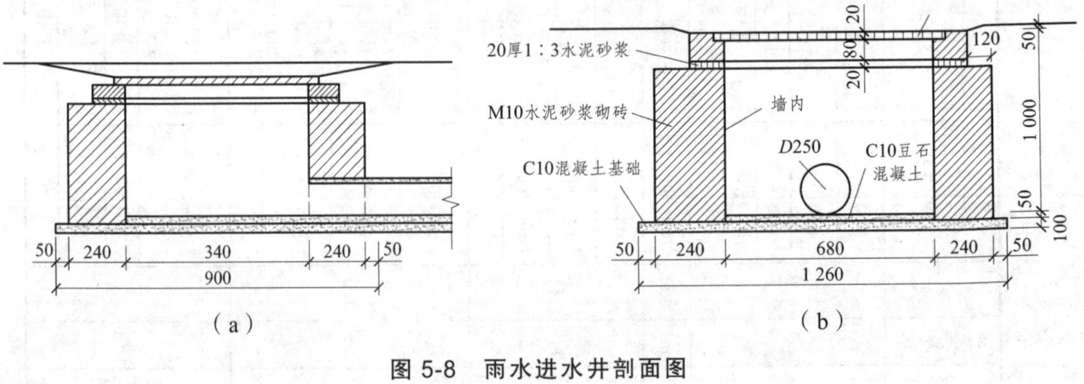

图 5-8 雨水进水井剖面图

第 6 章　市政拆除工程计量与计价

6.1　清单分项及工程量计算规则

1. 拆除工程清单计算规范（编码：041001）

拆除工程工程量清单项目设置、项目特征描述的内容、计量单位及工程量计算规则，应按《市政工程工程量清单计算规范》(GB 50857—2013) 应按表 6-1 的规定执行。

表 6-1　拆除工程（编码：041001）

项目编码	项目名称	项目特征	计量单位	工程量计量规则	工作内容
041001001	拆除路面	1. 材质 2. 厚度	m^2	按拆除部位以面积计算	1. 拆除、清理 2. 运输
041001002	拆除人行道				
041001003	拆除基层	1. 材质 2. 厚度 3. 部位			
041001004	铣刨路面	1. 材质 2. 结构形式 3. 厚度			
041001005	拆除侧、平（缘）石	材质	m	按拆除部位以延长米计算	
041001006	拆除管道	1. 材质 2. 厚度			
041001007	拆除砖石结构	1. 结构形式 2. 强度等级	m^3	按拆除部位以体积计算	
041001008	拆除混凝土结构				
041001009	拆除井	1. 结构形式 2. 规格尺寸 3. 强度等级	座	按拆除部位以数量计	
041001010	拆除电杆	1. 结构形式 2. 规格尺寸	根		
041001011	拆除管片	1. 材质 2. 部位	处		

2. 拆除工程清单项目有关问题说明

（1）拆除路面、人行道及管道清单项目的工作内容中均不包括基础及垫层拆除，发生时按本章相应清单项目编码列项。

（2）伐树、挖树蔸应按现行国家标准《园林绿化工程工程量计算规范》(GB 50858) 中相应清单项目编码列项。

6.2 定额说明及计算规则

6.2.1 市政拆除定额说明

（1）本节定额包括拆除道路、人行道、侧缘石、管道、构筑物和混凝土障碍物、路面凿毛、铣刨路面、旧路面机械切缝、开凿混凝土孔、清楚灌木林、伐树、挖树蔸、挖竹根等，但不包括土方挖运。

（2）拆除项目中包括人工配合作业。

（3）拆除后的旧料应整理干净就近堆放整齐。如需运至指定地点回收利用，则另行计算运费和回收价值。

（4）管道拆除要求拆除后的旧管保持基本完好，破坏性拆除不得套用本定额。拆除混凝土管道未包括拆除基础及垫层用工。基础及垫层拆除执行本节相应子目。

（5）拆除工程定额未考虑地下水因素，发生时另行计算。

（6）人工拆除二碴、三碴基层，应根据材料组成情况套用无骨料多合土基层拆除定额子目。机械拆除二碴、三碴基层执行液压岩石破碎软岩定额子目。

（7）沥青混凝土层及稳定层拆除物如需运输时，按第一节运土方相应定额子目执行。

（8）砖石结构、混凝土结构拆除物如需运输时，按第一节运石方相应定额子目执行。

（9）拆除混凝土底层按混凝土面层定额子目计算。

（10）焊接钢管拆除的氧气、乙炔气费用另计；若为法兰接口则按定额人工乘以系数1.50。

6.2.2 定额工程量计算规则

（1）拆除旧路及人行道按实际拆除面积以平方米计算。

（2）拆除缘石及各类管道按延长米计算。

（3）拆除构筑物及障碍物按体积以立方米计算。

（4）拆除金属结构构件、金属栏杆按重量以吨计算。

（5）路面凿毛、路面铣刨按设计图示尺寸以平方米计算。铣刨路面厚度大于 5 cm 须分层铣刨。

（6）旧路面切缝按延长米以延长米计算。

（7）开凿混凝土孔以个计算。

（8）伐树、挖树蔸以棵计算。

（9）挖竹根按竹根体积以立方米计算。

（10）沥青混凝土及稳定层拆除物运输按实际拆除体积以立方米计算。

6.3　拆除工程计量与计价实例

【例 6-1】 某市为了解决日益增长的交通量问题对旧路进行了检查并加以整修，另又增加了新路的建设，此工程主要包括旧路的更换和新路的建设，此工程桩号为 K0 + 000 ~ K0 + 350，其中旧路 K0 + 150 ~ K0 + 290 为水泥混凝土路面，其道路面结构如图 6-1 所示，从下到上依次为：15 cm 厚砂砾石底层，20 cm 厚石灰、粉煤灰、土基层（8：80：12），20 cm 厚水泥混凝土路面，施工过程中，水泥混凝土路面设伸缩缝，结合该市的气候温度变化幅度来选择设置伸、缩缝，伸缩缝的填充物均采用沥青玛蹄脂。K0 + 290 ~ K0 + 350 为沥青混凝土路面，其道路面结构如图 6-2 所示。人行道结构如图 6-4 所示，混凝土预制板。道路损坏严重，故应先对路面进行整理、拆除或铣刨，采用机械拆除。

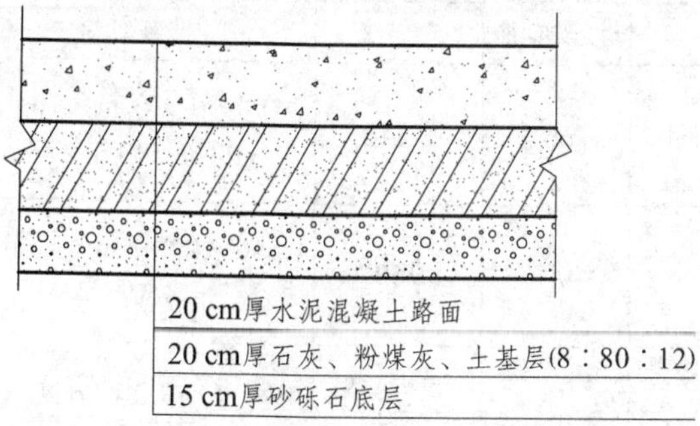

图 6-1　K0 + 000 ~ K0 + 290 道路结构

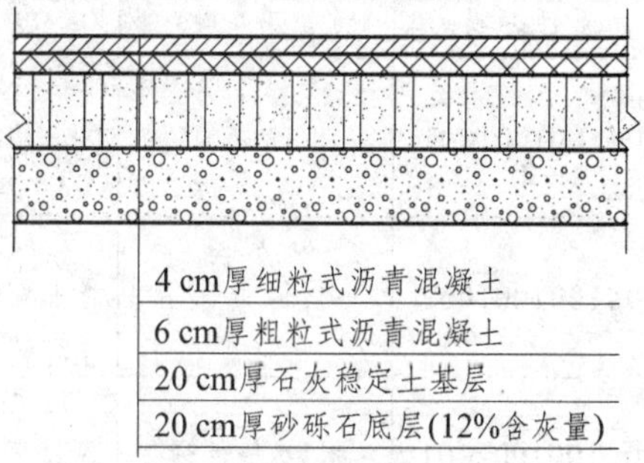

图 6-2　沥青混凝土路面结构

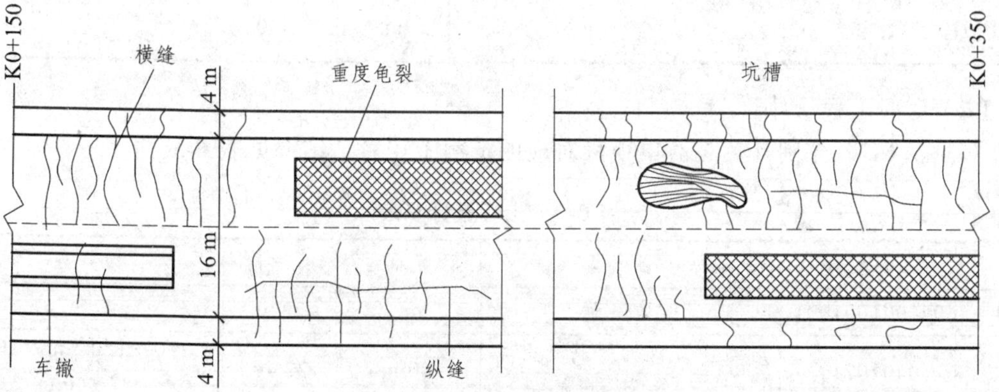

图 6-3　道路病害分析

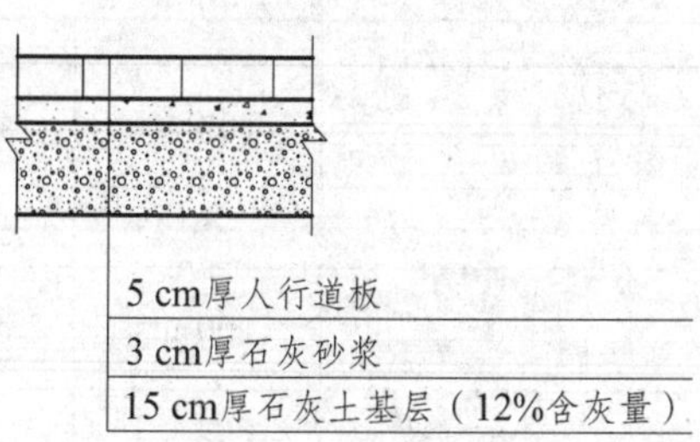

图 6-4　人行道结构

拆除方案：

（1）机械拆除混凝土类路面面层（无筋）K0 + 150 ~ K0 + 290。

（2）拆除人行道，原人行道为混凝土预制板 K0 + 150 ~ K0 + 350。

（3）拆除旧路的侧缘石（混凝土）K0 + 150 ~ K0 + 350。

（4）路面凿毛包括水泥混凝土 K0 + 150 ~ K0 + 290；和沥青混凝土路面 K0 + 290 ~ K0 + 350，此工程采用人工凿毛。

（5）沥青路面拆除，采用机械拆除路面厚 4 cm 的细粒式和 6 cm 的粗粒式 K0 + 290 ~ K0 + 350。

【解】（1）清单项目列项及工程量计算。

该工程为拆除工程，查表 6-1 知，本项目拆除工程清单列项见表 6-2。

表 6-2　拆除工程工程量清单列项

项目编码	项目名称	项目特征	计量单位	工程量	工程量计算
041001001001	拆除路面	1. 材质：水泥混凝土路面 2. 厚度：20 cm	m^2	2 240	（290 − 150）m × 16 m = 2 240 m^2
041001001002	拆除路面	1. 材质：沥青混凝土路面 2. 厚度：10 cm	m^2	960	（350 − 290）m × 16 m = 960 m^2
041001002001	拆除人行道	1. 材质：混凝土预制板 2. 厚度：5 cm	m^2	1 600	（350 − 150）m × 4 m × 2 = 1 600 m^2
041001005001	拆除侧、平（缘）石	混凝土	m	400	（350 − 150）m × 2 = 400 m

（2）定额工程量计算。

对照表 6-2，分别计算与清单项目对应的定额工程量，结果见表 6-3。

表 6-3　工程量计算表

序号	项目编码	项目名称	计算单位	工程量	计算式
1	041001001001	拆除路面	m^2	2240	
	04010215	风动凿岩机拆除混凝土类路面层	100 m^2	22.40	（290 − 150）m × 16 m = 2 240 m^2
	04010284	路面凿毛水泥混凝土人工	100 m^2	22.40	（290 − 150）m × 16 m = 2 240 m^2
	04010120	明挖石方运输人力装、机动翻斗车运	100 m^3	4.48	2240 × 20 cm = 448 m^3
2	041001001002	拆除路面	m^2	960	
	04010209	拆除沥青柏油类路面层机械拆除	100 m^2	9.6	（350 − 290）m × 16 m = 960 m^2
	04010282	路面凿毛沥青混凝土人工	100 m^2	9.6	（350 − 290）m × 16 m = 960 m^2

续表 6-3

序号	项目编码	项目名称	计算单位	工程量	计算式
	04010048	自卸汽车运土方	1 000 m^3	0.096	960 m^2×10 cm = 96 m^3
3	041001002001	拆除人行道	m^2	1 600	
	04010239	拆除人行道混凝土预制板	100 m^2	1.60	（350 − 150）m×4 m×2 = 1 600 m^2
	04010410	汽车运输小型构件	10 m^3	8	1 600 m^2×5 cm = 80 m^3
4	041001005001	拆除侧、平（缘）石	m	400	
	04010251	拆除混凝土侧缘石（L 型）	100 m	4	（350 − 150）m×2 = 400 m
	04010410	汽车运输小型构件	10 m^3	1.82	400 m×35 cm×13 cm = 18.2 m^3

（3）定额套用（学生可根据本省定额——《××省市政工程消耗量定额》自行套定额，并计算综合单价）。

【习题与思考题】

1. 套用当地定额，完成【例 6-1】题所给条件的综合单价计算。
2. 计算拆除工程有何现实意义？

第 7 章　市政工程计量与计价示例

本章以某市政工程“工程量清单编制”和“清单计价”的完整案例作一示范，指导学生进行实际操作训练。

7.1　某市政工程施工图

1）道路平面图（图 7-1）

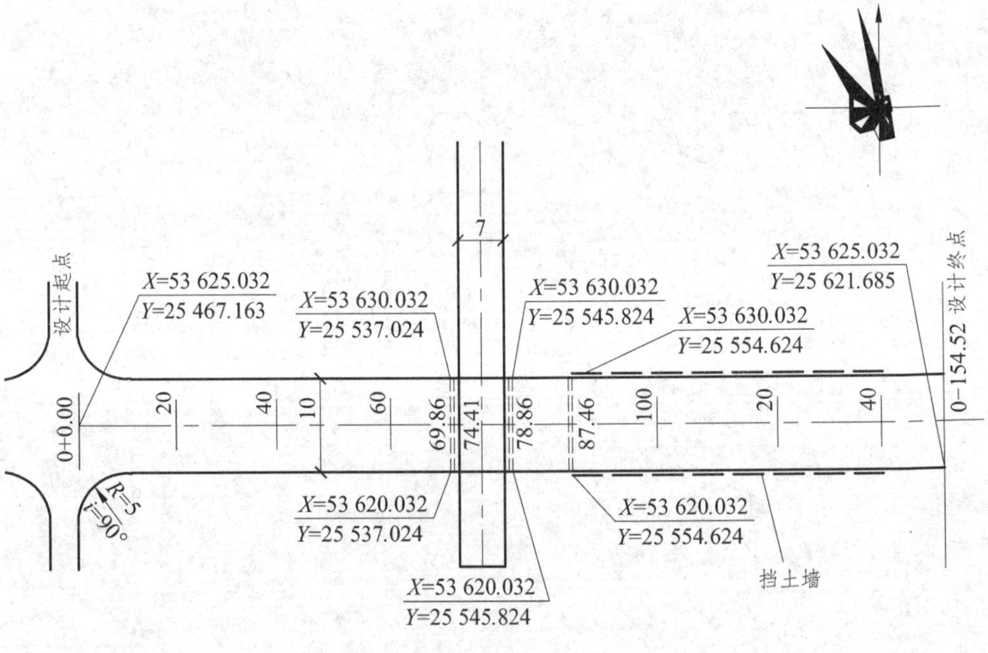

图 7-1　道路平面图（单位：m）

2）道路纵断面图（图 7-2）

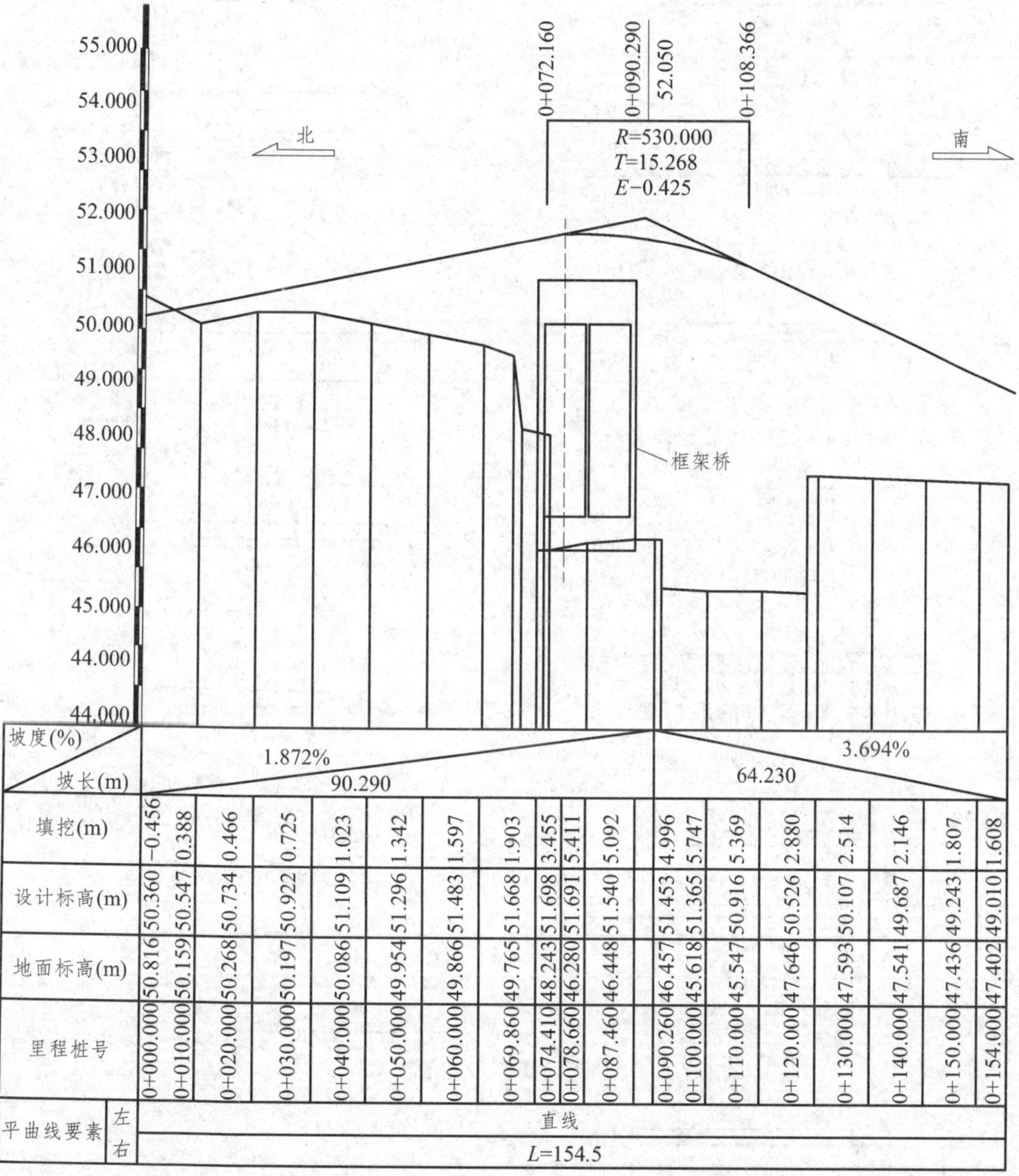

坡度(%)	1.872%	3.694%
坡长(m)	90.290	64.230

里程桩号	地面标高(m)	设计标高(m)	填挖(m)
0+000.000	50.816	50.360	−0.456
0+010.000	50.159	50.547	0.388
0+020.000	50.268	50.734	0.466
0+030.000	50.197	50.922	0.725
0+040.000	50.086	51.109	1.023
0+050.000	49.954	51.296	1.342
0+060.000	49.866	51.483	1.597
0+069.860	49.765	51.668	1.903
0+074.410	48.243	51.698	3.455
0+078.660	46.280	51.691	5.411
0+087.460	46.448	51.540	5.092
0+090.260	46.457	51.453	4.996
0+100.000	45.618	51.365	5.747
0+110.000	45.547	50.916	5.369
0+120.000	47.646	50.526	2.880
0+130.000	47.593	50.107	2.514
0+140.000	47.541	49.687	2.146
0+150.000	47.436	49.243	1.807
0+154.000	47.402	49.010	1.608

平曲线要素	
左	直线
右	L=154.5

说明：

1. 图中尺寸均以 m 计。比例：横向 1∶1 250，纵向 1∶1 250。
2. 设计标高为已计及竖曲线改正值中线路面拱顶标高。
3. 高程系统：黄海。

图 7-2　道路纵断面图

3）路基横断面图（图 7-3、图 7-4、图 7-5）

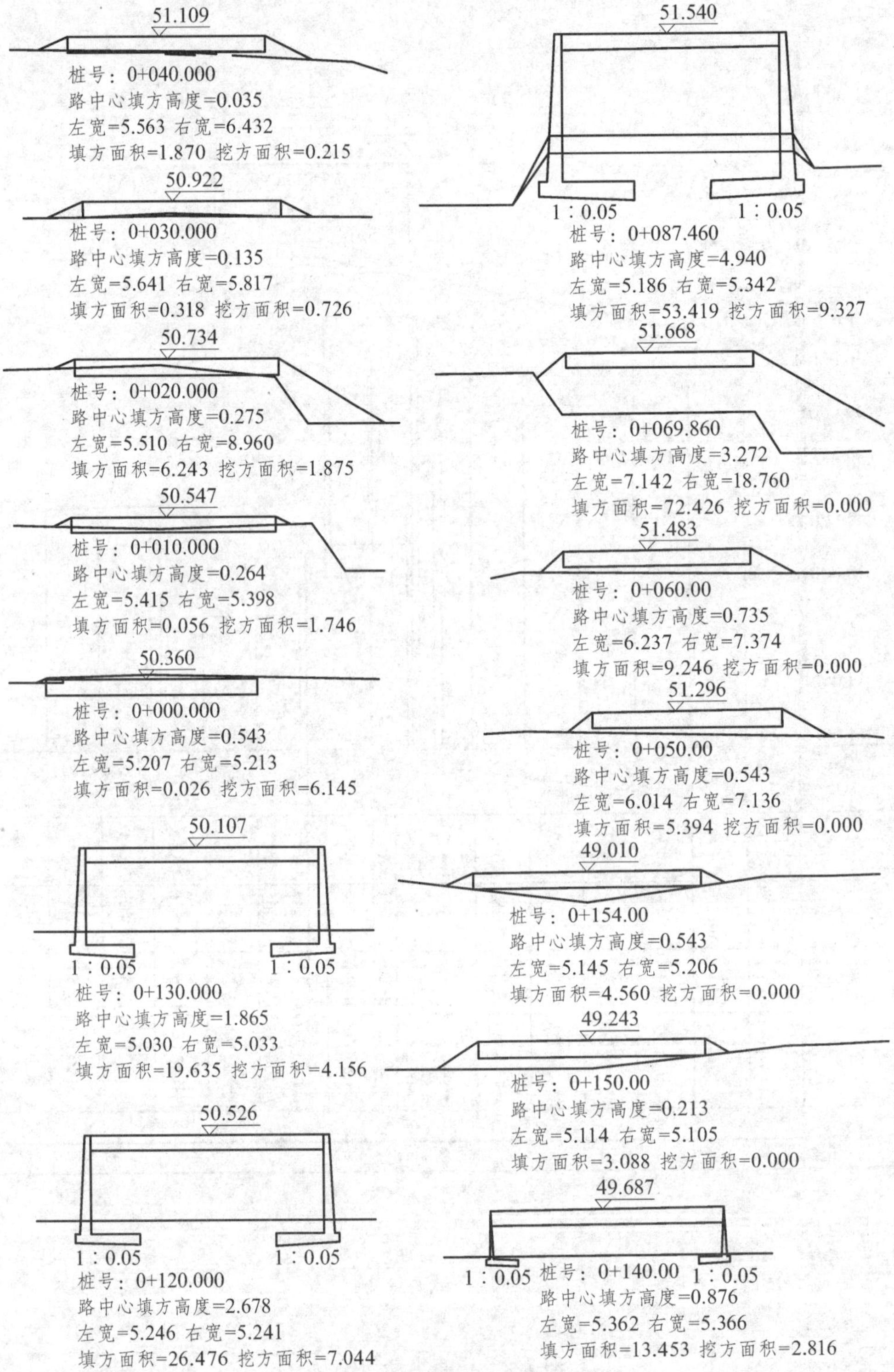

图 7-3　路基横断面图（一）

注：挡墙仅为示意图。本图尺寸为 1：120

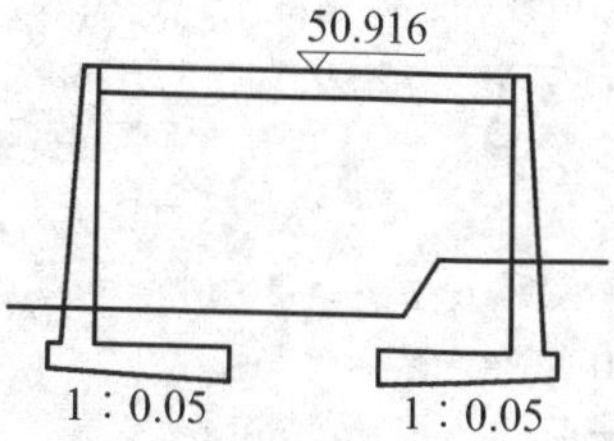

桩号：0+110.000
路中心填方高度=5.475
左宽=5.367
右宽=5.145
填方面积=52.074
挖方面积=12.096

土石方表

桩号	距离/m	面积/m^2		土方/m^3		累计土方	m^3
		填	挖	填	挖	填	挖
0+000.000		0.026	6.145				
	10.000			0.410	39.455	0.410	39.455
0+010.000		0.056	1.746				
	10.000			31.495	18.105	31.905	57.560
0+020.000		6.243	1.875				
	10.000			32.805	13.005	64.710	70.565
0+030.000		0.318	0.726				
	10.000			10.940	4.705	75.650	75.270
0+040.000		1.870	0.215				
	10.000			36.320	1.075	111.970	76.345
0+050.000		5.394	0.000				
	10.000			73.200	0.000	185.17	76.345
0+060.000		9.246	0.000				
	9.860			402.643	0.000	587.813	76.345
0+069.000		72.426	0.000				

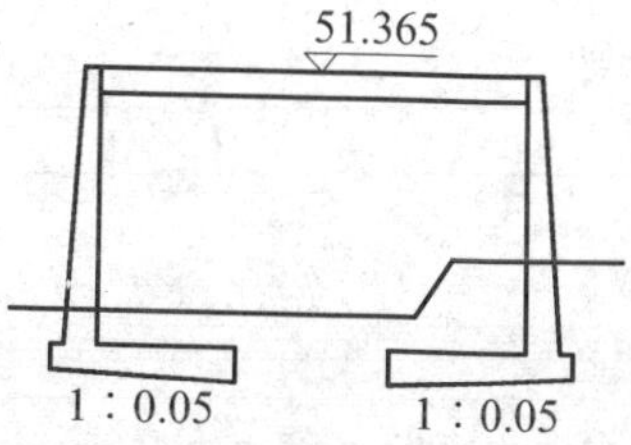

桩号：0+100.000
路中心填方高度=6.146
左宽=5.426
右宽=5.420
填方面积=62.434
挖方面积=13.258

土石方表

桩号	距离/m	面积/m^2		土方/m^3		累计土方	m^3
		填	挖	填	挖	填	挖
0+087.000		53.419	9.327				
	12.540			726.398	141.608	726.398	141.608
0+100.000		62.434	13.258				
	10.000			572.540	126.770	1 298.938	268.378
0+110.000		52.074	12.096				
	10.000			392.750	95.700	1 691.688	364.078
0+120.000		26.476	7.044				
	10.000			230.555	56.000	1 922.243	420.078
0+130.000		19.635	4.156				
	10.009			165.440	34.860	2 087.683	454.938
0+140.000		13.453	2.816				
	10.000			82.705	14.080	2 170.388	469.018
0+150.000		3.088	0.000				
	4.520			17.284	0.000	2 187.672	469.018
0+154.000		4.560	0.000				

图 7-4　路基横断面图（二）

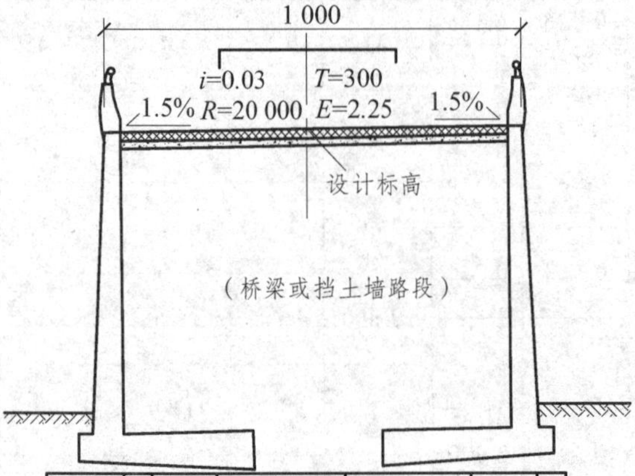

距离(cm)	30	170	300	300	170	30
高差(cm)	−4.8	−4.8	−2.3 ±0.00	±0.00 −2.3	−4.8	−4.8

说明：

（1）本图尺寸均以 cm 计。

（2）侧平石为甲种麻石平石，侧石断面尺寸为 35 cm×15 cm。

（3）路基范围内须清除不合路基使用土，重型压实度按规范要求。在填方路槽底面以下 0～80 cm，挖方路槽底面以下 0～30 cm 大于 95%，填方路槽底面 80～150 cm 达到 93%，150 cm 以下达到 80%。

（4）填方边坡为 1∶1.5，切方边坡为 1∶1。

（5）混凝土设计弯拉强度 $a_1f_c \geqslant 4.5$ MPa，弯拉弹性模量 $E_c \geqslant 28\ 000$ MPa。

（6）基层顶面当量回弹横量 $E_t \geqslant 80$ MPa。

（7）接缝处理及加固措施如下：

① 混凝土板设 2 条纵缝，挡墙处每块宽 3.12 m，其余处每块宽 3.32 m，板中 $h_c/2$ 处设 60 cm 长 $\phi16$ 拉杆钢筋，最外一根拉杆距混凝土板横边为 25 cm，拉杆正中 10 cm 范围内需涂沥青。

② 横向每 4.5 m 应设一条缩缝，缩缝切缝深度 4 cm，宽度为 5 mm，用沥青填缝料填充。

③ 道路与侧石、挡墙或其他构筑物、建筑物接合处需设置 2 cm 宽胀缝，内用泡沫板填充，顶部 4 cm 范围用沥青填缝料填充，与框架桥衔接处附近 2 条横向缩缝应设成胀缝。

④ 所有接缝的做法详见相关规范。

图 7-5　标准横断面图（三）

4）框架桥纵剖面（图 7-6）

（一般路段）

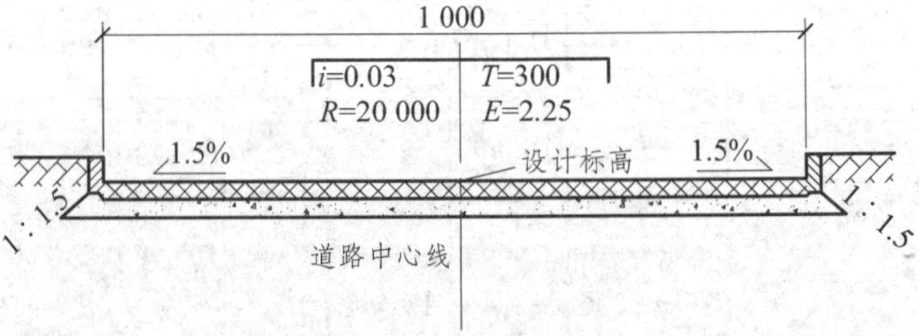

距离(cm)		200	300	300	200	
高差(cm)	+14.7(上)	−5.3(下)	−2.3 ±0.00	±0.00 −2.3	−5.3(下)	+14.7(上)

标准横断面（二）

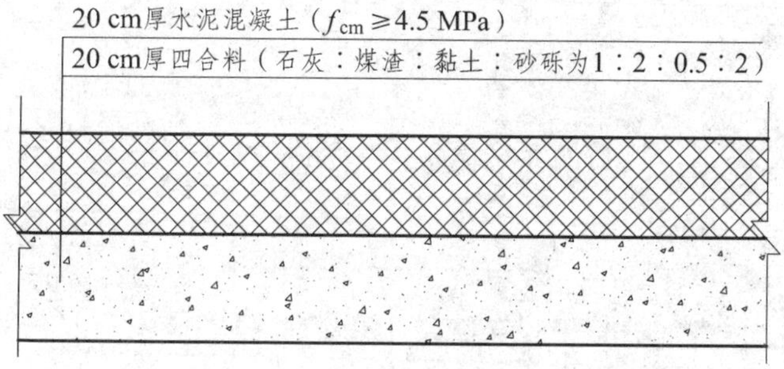

混凝土路面结构大样图

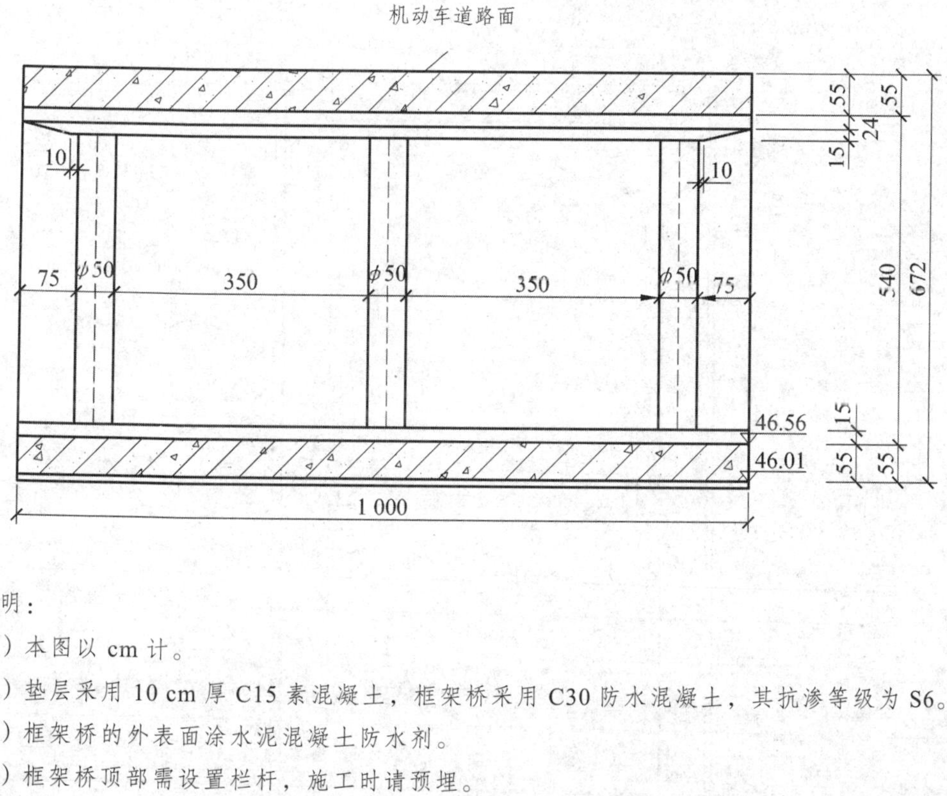

说明：

（1）本图以 cm 计。

（2）垫层采用 10 cm 厚 C15 素混凝土，框架桥采用 C30 防水混凝土，其抗渗等级为 S6。

（3）框架桥的外表面涂水泥混凝土防水剂。

（4）框架桥顶部需设置栏杆，施工时请预埋。

（5）地基承载力要求 200 kPa，施工时必须探明地基情况，经设计方认可满足要求后，方可捣筑。

（6）底板下开挖采用级配良好的砂砾回填，并充分密实。

（7）施工时设 2 cm 预拱度，按抛物线形式变化。

（8）框架桥底板与周边外墙宜连续一次浇完，否则须按要求处理施工缝，且水平施工缝应留在板面以上 50 的竖壁上。

（9）要求采用防水剂及混凝土膨胀剂按补偿收缩混凝土无缝施工法施工。

图 7-6　框架桥纵剖面

5）框架桥横剖面（图 7-7）

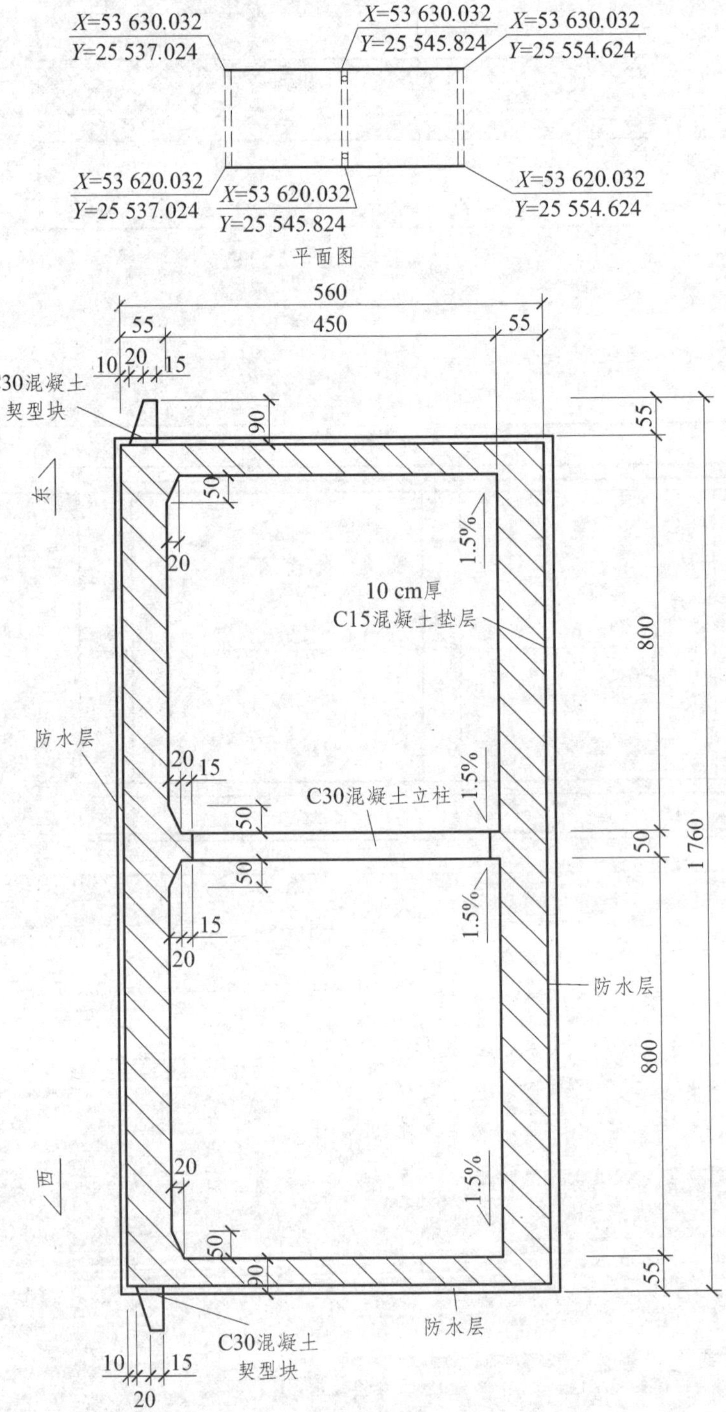

图 7-7　框架桥横剖面图

6）挡土墙一般结构图（图 7-8）

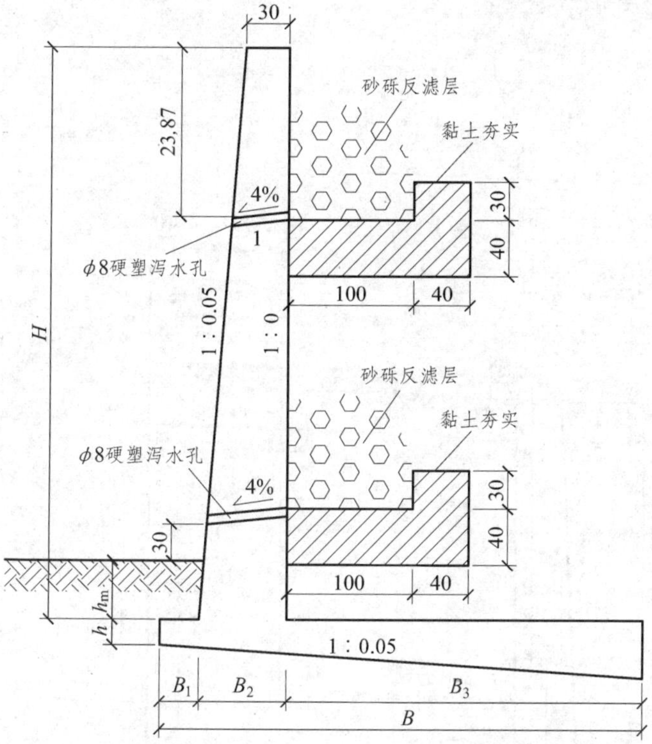

H	150	250	350	450	550
B	150	200	250	310	360
B_1	30	30	30	30	30
B_2	38	43	48	53	58
B_3	82	127	172	227	272
h	40	40	45	50	50
V（m）	1.09	1.68	2.46	3.42	4.26

说明：

（1）本图尺寸除注明的外均以 cm 计。

（2）设计荷载为城—B 级。

（3）墙后填土为砂性土，其容量为 18 kN/m，内摩擦角大于 35°，填土按相关规范施工。

（4）混凝土强度等级为 C25。

（5）地基土容重为 18 kN/m，内摩擦角大于 35°，基底摩擦系数大于 0.35，容许承载力大于 250 kPa，不符合要求时需采用加固措施。

（6）泻水孔距地面或常水位以上 30 cm，水平间距为 2.5 m，墙高大于 3 m 时，中间加设一排，与下排错位布置。

（7）原则上挡土墙沉降缝间距为 10 cm，但地质条件突变处应增设，沉降缝宽 2 cm，用填缝料填充。

（8）挡土墙施工顶部时注意其他构件的预埋。

（9）$hm = 0.5$ m。

（10）挡墙 H 最大尺寸为 550 cm，如实际高度超过 550 cm，则地基另行处理。

图 7-8　挡土墙一般结构图

7）挡土墙钢筋图（图 7-9）

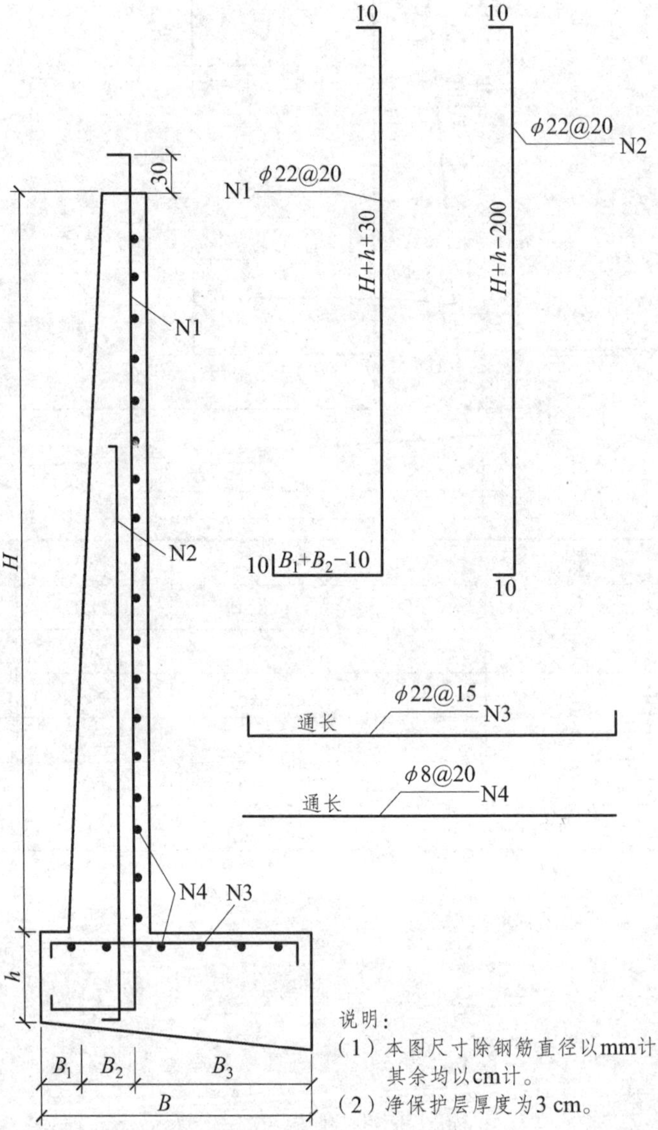

说明：

（1）本图尺寸除钢筋直径以mm计外其余均以cm计。

（2）净保护层厚度为3 cm。

图 7-9　挡土墙钢筋图

8）道路排水平面图（图 7-10）

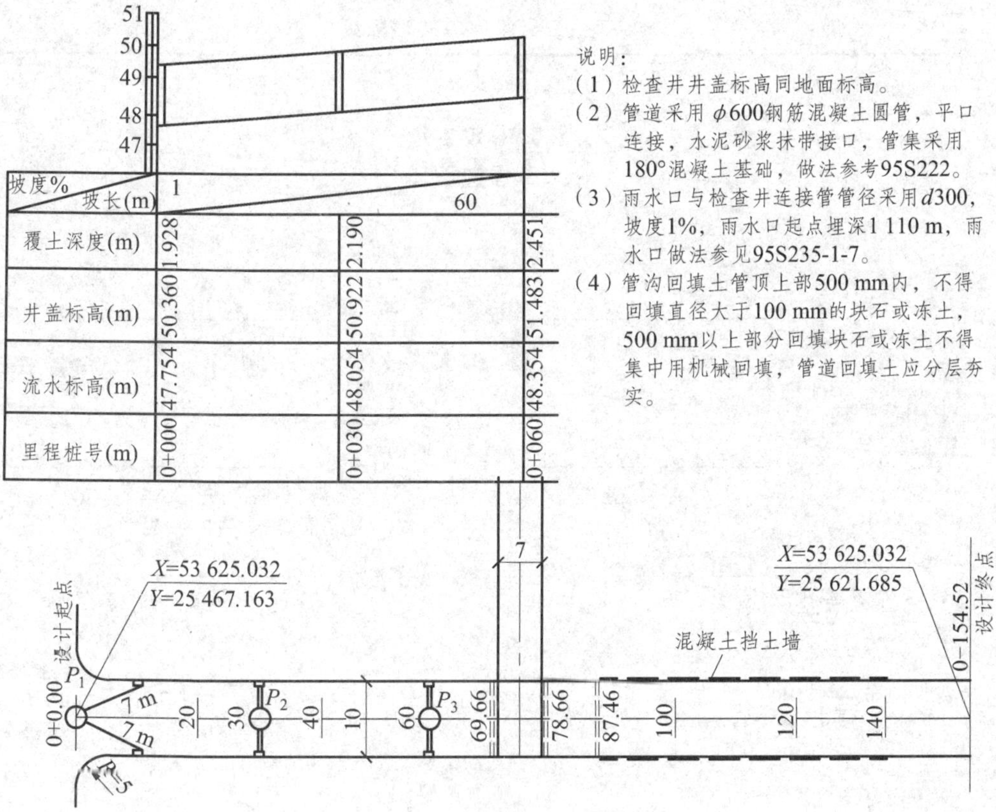

图 7-10 道路排水平面图

7.2 某市政工程招标工程量清单文件

1）招标工程量清单封面（表 7-1）

表 7-1 工程量清单文件封面

×××市政工程 招标工程量清单 招　标　人：____________ （单位盖章） 造价咨询人：____________ （单位盖章） ××××年××月××日

2）招标工程量清单扉页（表 7-2）

表 7-2 工程量清单文件扉页

<u>×××</u>市政工程
招标工程量清单

招　标　人：＿＿＿＿＿＿＿＿　　造价咨询人：＿＿＿＿＿＿＿＿
（单位盖章）　　　　　　　　　（单位盖章）

法定代表人　　　　　　　　　　法定代表人
或其授权人：＿＿＿＿＿＿＿＿　　或其授权人：＿＿＿＿＿＿＿＿
（签字或盖章）　　　　　　　　（签字或盖章）

编　制　人：＿＿＿＿＿＿＿＿　　复　核　人：＿＿＿＿＿＿＿＿
（造价人员签字盖专用章）　　　（造价人员签字盖专用章）

编制时间：　年　月　日　　复核时间：　年　月　日

3）总说明（表 7-3）

表 7-3 总说明

1. 工程概况：该工程为市郊××道路的道路、桥涵及排水工程，全长 145 m，路宽 10 m，两车道；埋设排水管道一条，其管道为钢筋混凝土管，主管管径为 600；设钢筋混凝土通道桥涵一座，其跨径为 8 m；高填方区道路两旁设钢筋混凝土挡土墙。

2. 招标范围：土石方工程、道路工程、桥涵工程、排水工程。

3. 工程质量要求：优良工程。

4. 工程量清单编制依据：

（1）由××市市政工程设计院设计的施工图 1 套。

（2）由××道路建设指挥部编制的《××道路工程施工招标邀请书》《招标文件》和《××道路工程招标答疑会会议纪要》。

（3）国家标准《建设工程工程量清单计价规范》和《市政工程工程量计算规范》。

5. 因工程质量要求优良，故所有材料必须持有市级以上有关部门颁发的《产品合格证书》及价格在中档以上的建筑材料

4）分部分项工程量清单（表 7-4）

表 7-4　分部分项工程量清单

工程名称：××市政工程　　　　　　　　　　　　　　　第　　页、共　　页

序号	项目编码	项目名称	项目特征	计量单位	工程数量
一、土石方工程					
1	040101001001	挖一般土方	1. 土壤类别：四类土 2. 挖土深度：见图	m^3	545.363
2	040101002001	挖沟槽土方（机械）	1. 土壤类别：四类土 2. 挖土深度：见图	m^3	165.497
3	040101002002	挖沟槽土方（人工）	1. 土壤类别：四类土 2. 挖土深度：2 m 以内	m^3	21.022
4	040103001001	回填方（沟槽）	1. 密实度要求：>95% 2. 填方材料品种：原土 3. 填方粒径要求：原土 4. 填方来源、运距：就地	m^3	126.779
5	040103001002	回填方（地坪）	1. 密实度要求：>95% 2. 填方材料品种：原土 3. 填方粒径要求：原土 4. 填为来源、运距：场外 15 km	m^3	2 775.485
二、道路工程					
6	040202001001	路床整形	1. 部位：××道路 2. 范围：施工图范围内	m^2	1 348.430
7	040202006001	石灰、粉煤灰、碎（砾）石道路基层	1. 配合比：1∶2∶0.5∶2 2. 碎（砾）石规格：2～5 cm 3. 厚度：22 cm	m^2	1 348.430
8	040203007001	水泥混凝土路面	1. 混凝土强度等级：C30 2. 厚度：20 cm	m^2	1 348.430
9	040204004001	安砌侧（平、缘）石	1. 材料品种、规格：石质侧石 60 cm×30 cm×15 cm 2. 基础垫层材料品种、厚度：四合土	m	174.460
三、桥涵工程					
10	040304005001	混凝土墩（台）身	1. 部位：车行道 2. 混凝土强度等级：C20 砾	m^3	2.860
11	040304018001	混凝土防撞护栏	1. 断面：见图 2. 混凝土强度等级：C30 砾 40	m	36.920
12	040304019001	桥面铺装（车行道）	1. 部位：车行道 2. 混凝土强度等级：C25 砾 40 3. 厚度：20 cm	m^2	165.440
13	040304002001	挡墙基础	1. 混凝土强度等级：025 砾 40 2. 嵌料（毛石）比例：<20%	m^3	175.160

续表 7-4

序号	项目编码	项目名称	项目特征	计量单位	工程数量
14	040305002001	混凝土挡墙墙身	1. 混凝土强度等级：C25 砾 40 2. 泄水孔材料品种、规格：塑料管 $\phi 8$ 3. 滤水层要求：砂滤层	m^3	184.060
15	040307003001	箱涵底板	1. 混凝土强度等级：C30 砾 40 2. 混凝土抗渗要求：S6 3. 防水层工艺要求：防水剂及混凝土膨胀剂	m^3	102.350
16	040307004001	箱涵侧墙	1. 混凝土强度等级：C30 砾 40 2. 混凝土抗渗要求：S6 3. 防水层工艺要求：防水剂及混凝土膨胀剂	m^3	47.300
17	040307005001	箱涵顶板	1. 混凝土强度等级：C30 砾 40 2. 混凝土抗渗要求：S6 3. 防水层工艺要求：防水剂及混凝土膨胀剂	m^3	101.250
四、管网工程					
18	040501001001	混凝土管管道铺设（D300）	1. 垫层、基础材质及厚度：混凝土垫层 2. 管座材质：混凝土无筋 3. 规格：DN300 4. 接口方式：砂浆接口 5. 铺设深度：见图 6. 混凝土强度等级：C15 砾 40	m	34.000
19	040501001002	混凝土管道铺设（D600）	1. 垫层、基础材质及厚度：混凝土垫层 2. 管座材质：混凝土无筋 3. 规格：DN600 4. 接口方式：砂浆接口 5. 铺设深度：见图 6. 混凝土强度等级：C15 砾 40	m	60.000
20	040504001001	砌筑井（雨水检查井）	1. 垫层、基础材质及厚度：混凝土 2. 砂浆强度等级、配合比：M7.5 水泥砂浆砌，1∶2 水泥砂浆抹面 3. 混凝土强度等级：C15 4. 盖板材质、规格：铸铁 5. 井盖、井圈材质及规格：铸铁	座	3.000
21	040504001002	砌筑井（雨水进水井）	1. 垫层、基础材质及厚度：混凝土 2. 砌筑材料品种、规格、强度等级：标准砖 240×115×53，MU10. 3. 砂浆强度等级、配合比：M7.5 水泥砂浆砌，1∶2 水泥砂浆抹面 4. 混凝土强度等级：C15 5. 盖板材质、规格：铸铁 6. 井盖、井圈材质及规格：铸铁	座	6.000

续表 7-4

序号	项目编码	项目名称	项目特征	计量单位	工程数量
五、钢筋工程					
22	040901002001	现浇构件钢筋（路面）	1. 钢筋种类：HRB 2. 钢筋规格：$\phi16$	t	O. 489
23	040901002002	现浇构件钢筋（挡墙）	1. 钢筋种类：HRB/HPB 2. 钢筋规格：$\phi22/\phi8$	t	22.121
24	040901002003	现浇构件钢筋（防撞栏杆）	1. 钢筋种类：HRB/HPB 2. 钢筋规格：$\phi22/\phi8$	t	4.933
25	040901002004	现浇构件钢筋（桥涵）	1. 钢筋种类：HRB/HPB 2. 钢筋规格：$\phi22/\phi8$	t	33.689
六、拆除工程					
26	041001001001	拆除路面	1. 材质：混凝土无筋 2. 厚度：2 cm	m^2	102.000

5）措施项目清单（表 7–5）

表 7-5 单价措施项目清单

工程名称：××市政工程　　　　第　　页、共　　页

序号	项目编码	项目名称	项目特征	计量单位	工程数量
1	041101001001	墙面脚手架	墙高：见图	m^2	931.47
2	041102002001	基础模板（挡墙）	构件类型：现浇混凝土	m^2	314.29
3	041102005001	墩（台）身模板	1. 构件类型：现浇混凝土 2. 支模高度：见图	m^2	22.9
4	041102017001	挡墙模板	1. 构件类型：现浇混凝土 2. 支模高度：见图	m^2	442.84
5	041102019001	防撞护拦模板	构件类型：现浇混凝土	m^2	44.28
6	041102022001	箱涵滑（底）模板	1. 构件类型：现浇混凝土 2. 支模高度：见图	m^2	184.23
7	041102023001	箱涵侧墙模板	1. 构件类型：现浇混凝土 2. 支模高度：见图	m^2	85.14
8	041102024001	箱涵顶板模板	1. 构件类型：现浇混凝土 2. 支模高度：见图	m^2	182.25
9	041106001001	大型机械进退场费	1. 机械设备名称：推土机、挖掘机、压路机 2. 机械设备规格型号：90 kW 外、斗容量 1 m^3 外	台次	2

6）其他项目清单（表 7-6）

表 7-6　其他项目清单

工程名称：××市政　工程　　　　　　　　　　　　　　　　第　　页、共　　页

序号	项目名称	金额/元
1	暂列金额	50 000.00
2	暂估价	
2.1	材料（设备）暂估价	
2.2	专业工程暂估价	
3	计日工	
4	总承包服务费	
5	其他	
合计		50 000.00

7.3　某市政工程招标控制价文件

1）招标控制价封面（表 7-7）

表 7-7　招标控制价封面

××市政　工程 招标控制价 招标人：________________ （单位盖章） 造价咨询人：________________ （单位盖章） 年　　月　　日

2）招标控制价扉页（表 7-8）

表 7-8 招标控制价扉页

<u>××市政　　</u>工程

招标控制价

招标控制价（小写）：<u>1 225 801.78</u>

（大写）：<u>壹佰贰拾贰万伍仟捌佰零壹元柒角捌分</u>

招标人：________　　造价咨询人：________

（单位盖章）　　（单位资质专用章）

法定代表人　　法定代表人

或其授权人：________　　或其授权人：________

（签字或盖章）　　（签字或盖章）

编制人：________　　复核人：________

（造价人员签字盖专用章）　　（造价工程师签字盖专用章）

编制时间：　年　月　日　　复核时间：　年　月　日

3）总说明（表 7-9）

表 7-9 总说明

1. 工程概况：市郊××路全长 145 m，路宽 10 m，两车道；设钢筋混凝土通道桥涵一座，8 m 跨径；埋排水管道一条，为钢筋混凝土管，主管管径为士 600 mm；高填方区道路两旁设钢筋混凝土挡墙。

2. 交通条件：该工程三通一平已完成，交通条件方便。

3. 报价依据：

（1）××道路建设指挥部提供的道路施工图、《××道路建设工程邀标书》《招标工程量清单》《投标须知》《××道路建设工程招标答疑》等一系列招标文件。

（2）国家标准《建设工程工程量清单计价规范》和《市政工程工程量计算规范》。

（3）《××省建设工程造价计价规则》《××省机械台班费用定额》和《××省市政工程消耗量定额》。

（4）××市建设工程造价管理站发布的××年××期《材料价格信息》。

4. 报价中需说明的问题：

（1）该工程因结构无特殊要求，故采用一般施工方法。

（2）考虑到市场材料价格近期波动不大，故主要材料价格在××市建设工程造价管理站发布的××年××期《材料价格信息》基础上下浮 3%。

（3）因该工程处在郊区，车流量偏少，所以半封闭的交通干扰费不考虑

4）单位工程费汇总表（表 7-10）

表 7-10　单位工程费汇总表

工程名称：××市政工程　　　　第　　页、共　　页

序号	汇总内容	金额/元	其中：暂估价/元
1	分部分项工程	958 506.95	
1.1	人工费	133 308.03	
1.2	材料费	684 549.1	
1.3	设备费		
1.4	机械费	80 521.81	
1.5	管理费和利润	60 128.05	
2	措施项目	130 354.81	
2.1	单价措施项目	104 359.57	
2.1.1	人工费	36 013.04	
2.1.2	材料费	22 437.94	
2.1.3	机械费	31 262.85	
2.1.4	管理费和利润	14 645.74	
2.2	总价措施项目费	25 995.24	
2.2.1	安全文明施工费	17 679.56	
2.2.1.1	临时设施费	3 396.15	
2.2.2	其他总价措施项目费	8 315.68	
3	其他项目	50 000	
3.1	暂列金额	50 000	
3.2	专业工程暂估价		
3.3	计日工		
3.4	总承包服务费		
3.5	其他		
4	规费	45 716.69	
5	税金	41 223.33	
招标控制价合计＝1＋2＋3＋4＋5		1 225 801.78	

5）分部分项工程清单与计价表（表 7-11）

表 7-11　分部分项工程清单与计价表

工程名称：××市政工程　　　　　　　　　　　　　　　　　　第　页、共　页

序号	项目编码	项目名称	项目特征	计量单位	工程量	金额/元				
						综合单价	合价	其中		
								人工费	机械费	暂估价
1	040101001001	挖一般土方		m^3	545.36	6.28	3 424.86	398.11	2 759.52	
2	040101002001	挖沟槽土方（机械）		m^3	165.5	10.54	1 744.37	62.89	1 600.39	
3	040101002002	挖沟槽土方（人工）		m^3	21.02	46.19	970.91	678.95		
4	040103001001	回填方（沟槽）		m^3	126.78	28.87	3 660.14	2 550.81		
5	040103001002	回填方（地坪）		m^3	2 775.49	18.08	50 180.86	2 636.72	44 629.88	
6	040202001001	路床（槽）整形		m^2	1 348.43	1.67	2 251.88	242.72	1 847.35	
7	040202006001	石灰、粉煤灰、碎（砾）石		m^2	1 348.43	62.14	83 791.44	12 081.93	2 373.24	
8	040203007001	水泥混凝土路面		m^2	1 348.43	88.44	119 255.15	23 125.57	1 537.21	
9	040204004001	安砌侧（平）石		m	174.46	135.12	23 573.04	1 995.82		
10	040303002001	混凝土基础（挡墙）		m^3	175.16	382.09	66 926.88	7 696.53	4 499.86	
11	040303005001	混凝土墩（台）身		m^3	2.86	425.61	1 217.24	214.47	100.1	
12	040303018001	混凝土防撞护栏		m	36.92	97.35	3 594.16	1 008.29	133.28	
13	040303019001	桥面铺装		m^2	165.44	126.64	20 951.32	4 303.09	696.5	
14	040303015001	混凝土挡墙墙身		m^3	184.06	645.9	118 884.35	18 978.43	5 359.83	

续表 7-11

工程名称：××市政工程　　　　第　　页、共　　页

序号	项目编码	项目名称	项目特征	计量单位	工程量	金额/元				
						综合单价	合价	其中		
								人工费	机械费	暂估价
15	040306003001	箱涵底板		m^3	102.35	415.48	42 524.38	6 191.15	2 728.65	
16	040306004001	箱涵侧墙		m^3	47.3	427.15	20 204.2	3 160.11	1 305.01	
17	040306005001	箱涵顶板		m^3	101.25	419.61	42 485.51	6 344.33	2 764.13	
18	040501001001	混凝土管（$D=300$）		m	34	129.41	4 399.94	657.56	157.42	
19	040501001002	混凝土管（$D=600$）		m	60	221.72	13 303.2	2 768.4	607.2	
20	040504001001	砌筑井（雨水检查井）		座	3	2 649.61	7 948.83	1 808.88	29.85	
21	040504001002	砌筑井（雨水进水井）		座	6	641.2	3 847.2	1 006.86	22.62	
22	040901001001	现浇构件钢筋（路面）		t	0.489	5 276.73	2 580.32	362.45	16.26	
23	040901001002	现浇构件钢筋（挡墙）		t	22.121	5 295.73	117 146.84	12 558.76	2 660.27	
24	040901001003	现浇构件钢筋（防撞栏杆）		t	4.933	5 259.01	25 942.7	3 060.83	551.85	
25	040901001004	现浇构件钢筋（桥涵）		t	33.689	5 193.01	174 947.31	17 491.67	4 141.39	
26	041001001001	拆除路面		m^2	102	26.96	2 749.92	1 922.7		
		合计					958 506.95	133 308	80 521.81	

6）分部分项工程综合单价分析表（表 7-12）

表 7-12　综合单价分析表—分部分项工程

<table>
<tr><th rowspan="3">序号</th><th rowspan="3">项目编码</th><th rowspan="3">项目名称</th><th rowspan="3">计量单位</th><th rowspan="3">工程量</th><th colspan="12">清单综合单价组成明细</th></tr>
<tr><th rowspan="2">定额编号</th><th rowspan="2">定额名称</th><th rowspan="2">定额单位</th><th rowspan="2">数量</th><th colspan="3">单价/元</th><th colspan="4">合价/元</th><th rowspan="2">综合单价</th></tr>
<tr><th>人工费</th><th>材料费</th><th>机械费</th><th>人工费</th><th>材料费</th><th>机械费</th><th>管理费和利润</th></tr>
<tr><td rowspan="2">1</td><td rowspan="2">040101001001</td><td rowspan="2">挖一般土方</td><td rowspan="2">m³</td><td rowspan="2">545.36</td><td>04010034</td><td>推土机推土，三类土，推距 20 m</td><td>1 000 m³</td><td>0.545 36</td><td>344.95</td><td></td><td>2 300.79</td><td>188.12</td><td></td><td>1 254.76</td><td>124.05</td><td rowspan="2">6.28</td></tr>
<tr><td>04010039</td><td>挖掘机挖土，不装车，三类土</td><td>1 000 m³</td><td>0.545 36</td><td>383.28</td><td></td><td>2 756.40</td><td>209.03</td><td></td><td>1 503.23</td><td>141.59</td></tr>
<tr><td rowspan="2">2</td><td rowspan="2">040101002001</td><td rowspan="2">挖沟槽土方（机械）</td><td rowspan="2">m³</td><td rowspan="2">165.5</td><td>04010038</td><td>挖掘机挖土，装车，三类土</td><td>1 000 m³</td><td>0.165 5</td><td>383.28</td><td></td><td>3 227.94</td><td>63.43</td><td></td><td>534.22</td><td>45.65</td><td rowspan="2">10.54</td></tr>
<tr><td>04010048</td><td>自卸汽车运土方，运距 1 km 以内</td><td>1 000 m³</td><td>0.165 5</td><td></td><td></td><td>6 439.87</td><td></td><td></td><td>1 065.80</td><td>36.66</td></tr>
<tr><td>3</td><td>040101002002</td><td>挖沟槽土方（人工）</td><td>m³</td><td>21.02</td><td>04010004</td><td>人工挖沟、槽土方，三类土，深度 2 m 以内</td><td>100 m³</td><td>0.210 2</td><td>3 230.48</td><td></td><td></td><td>679.05</td><td></td><td></td><td>291.99</td><td>46.19</td></tr>
<tr><td>4</td><td>040103001001</td><td>回填方（沟槽）</td><td>m³</td><td>126.78</td><td>04010033</td><td>填土夯实</td><td>100 m³</td><td>1.458</td><td>1 749.42</td><td>8.68</td><td></td><td>2 550.65</td><td>12.66</td><td></td><td>1 096.78</td><td>28.87</td></tr>
<tr><td rowspan="5">5</td><td rowspan="5">040103001002</td><td rowspan="5">回填方（地坪）</td><td rowspan="5">m³</td><td rowspan="5">2 775.49</td><td>04010056</td><td>填土碾压，内燃压路机</td><td>1 000 m³</td><td>2.775 49</td><td>351.34</td><td>84.00</td><td>4 044.21</td><td>975.14</td><td>233.14</td><td>11 224.66</td><td>805.45</td><td rowspan="5">18.08</td></tr>
<tr><td>04010034</td><td>推土机推土，三类土，推距 20 m</td><td>1 000 m³</td><td>2.775 49</td><td>344.95</td><td></td><td>2 300.79</td><td>957.41</td><td></td><td>6 385.82</td><td>631.34</td></tr>
<tr><td>04010038</td><td>挖掘机挖土，装车，三类土</td><td>1 000 m³</td><td>1.869 24</td><td>383.28</td><td></td><td>3 227.94</td><td>716.44</td><td></td><td>6 033.79</td><td>515.63</td></tr>
<tr><td>04010048</td><td>自卸汽车运土方，运距 1 km 以内</td><td>1 000 m³</td><td>2.775 49</td><td></td><td></td><td>6 439.87</td><td></td><td></td><td>17 873.79</td><td>614.85</td></tr>
<tr><td>04010049</td><td>自卸汽车运土方，运距每增加 1 km</td><td>1 000 m³</td><td>1.869 24</td><td></td><td></td><td>1 659.73</td><td></td><td></td><td>3 102.43</td><td>106.73</td></tr>
<tr><td>6</td><td>040202001001</td><td>路床（槽）整形</td><td>m²</td><td>1 348.43</td><td>04020001</td><td>路床碾压检验</td><td>100 m²</td><td>13.484 3</td><td>17.82</td><td></td><td>137.21</td><td>240.29</td><td></td><td>1 850.18</td><td>166.94</td><td>1.67</td></tr>
</table>

续表 7-12

序号	项目编码	项目名称	计量单位	工程量	清单综合单价组成明细											综合单价
					定额编号	定额名称	定额单位	数量	单价/元			合价/元				
									人工费	材料费	机械费	人工费	材料费	机械费	管理费和利润	
7	040202006001	石灰、粉煤灰基层	m^2	1 348.43	04020095	石灰：粉煤灰：碎石（10：20：70）基层，拌合机拌和，厚度 20 cm	100 m^2	13.484	789.43	4 500.6	153.1	10 644.9	60 687.2	2 064.04	4 648.31	62.14
					04020096×2	石灰：粉煤灰：碎石（10：20：70）基层，拌合机拌和，厚度每增（减）1 cm，子目×2	100 m^2	13.484 3	102.2	241.25	3.08	1 378.1	3 253.09	41.53	593.98	
					04020123	顶层多合土养生，洒水车洒水	100 m^2	13.484 3	4.47	8.23	19.63	60.27	110.98	264.7	35.06	
8	040203007001	水泥混凝土路面	m^2	1 348.43	04020254	水泥混凝土路面，厚度 20 cm	100 m^2	13.484 3	1 551.39	6 063	39.01	20 919.4	81 754.6	526.02	9 013.45	88.44
					04020266	水泥混凝土路面养生，草袋养护	100 m^2	13.484 3	70.52	183.82	0	950.91	2 478.68	0	408.98	
					04020264	锯缝机锯缝	10 m	30.16	40.88	8.15	33.74	1 232.94	245.8	1 017.6	565.2	
					04020265	PG 道路嵌缝	100 m^2	0.26	81.96	392.2	0	21.31	101.97	0	9.16	
9	040204004001	安砌侧（平）石	m	174.46	04020310	侧平石安砌，连接型，不勾缝	100 m	1.744 6	1 144.09	11 876	0	1 995.98	20 718	0	858.27	135.12
10	040303002001	混凝土基础（挡墙）	m^3	175.16	04030329	现浇混凝土工程，混凝土基础，混凝土	10 m^3	17.516	439.43	2 926.7	256.9	7 697.06	51 264.8	4 500.04	3 464.66	382.09
11	040303005001	混凝土墩（台）身	m^3	2.86	04030337	现浇混凝土工程，柱式墩身、台身	10 m^3	0.286	749.89	2 821.6	350	214.47	806.98	100.09	95.66	425.61

续表 7-12

序号	项目编码	项目名称	计量单位	工程量	清单综合单价组成明细											综合单价
					定额编号	定额名称	定额单位	数量	单价/元			合价/元				
									人工费	材料费	机械费	人工费	材料费	机械费	管理费和利润	
12	040303018001	混凝土防撞护栏	m	36.92	04030357	现浇混凝土工程防撞护栏	10 m^3	0.665	1 516.38	3 029.3	200.3	1 008.39	2 014.46	133.21	438.19	97.35
13	040303019001	桥面铺装	m^2	165.44	04030362	现浇混凝土工程，桥面混凝土铺装，车行道	10 m^3	3.704	930.67	3 413.9	188.2	3 447.2	12 645.2	696.94	1 506.27	126.64
					04030371	现浇混凝土工程，桥面防水层，防水砂浆 2 cm	100 m^2	1.654 4	517.43	865.49		856.04	1 431.87		368.09	
14	040303015001	混凝土挡墙墙身	m^3	184.06	04030353	现浇混凝土工程，挡墙	10 m^3	18.406	634.9	2 914.9	291.2	11 686	53 651.3	5 358.91	5 209.27	645.9
					04030562	塑料管泄水孔	10 m	0.9	44.72	387.6		40.25	348.84		17.31	
					04030572	安装沉降缝沥青木丝板	10 m^2	3.634	28.11	1 018.3		102.15	3 700.5		43.94	
					04010306	砂滤层，厚度 20 cm 以内	10 m^3	30.114	237.44	946.4		7 150.27	28 499.9		3 074.64	
15	040306003001	箱涵底板	m^3	102.35	04030439	箱涵制作，底板	10 m^3	10.235	604.88	3 014.1	266.7	6 190.95	30 848.8	2 729.16	2 755.98	415.48
16	040306004001	箱涵侧墙	m^3	47.3	04030440	箱涵制作，侧墙	10 m^3	4.73	668.12	3 030.9	275.9	3 160.21	14 335.9	1 305.15	1 403.77	427.15
17	040306005001	箱涵顶板	m^3	101.25	04030441	箱涵制作，顶板	10 m^3	10.125	626.6	3 017.6	273	6 344.33	30 553.3	2 763.72	2 823.15	419.61
18	040501001001	混凝土管（D=300）	m	34	04060022	定型混凝土管道，平接（企口）式管道基础（180°）公称直径，300 mm 以内	100 m	0.34	1 080.91	2 450.9	159.4	367.51	833.31	54.19	159.9	129.41
					04060047	砼管道铺设，平接（企口）式，人机配合下管，公称直径，300 mm 以内	100 m	0.34	552.69	7 070	303.6	187.91	2 403.8	103.22	84.35	

续表 7-12

序号	项目编码	项目名称	计量单位	工程量	清单综合单价组成明细											综合单价
					定额编号	定额名称	定额单位	数量	单价/元			合价/元				
									人工费	材料费	机械费	人工费	材料费	机械费	管理费和利润	
18	040501001001	混凝土管（D=300）	m	34	04060157	平（企）接口，水泥砂浆接口（180°管基）公称直径，300 mm 以内	10 个口	1.1	56.21	12.85		61.83	14.14		26.59	129.41
					04060296	管道闭水试验，公称直径，400 mm 以内	100 m	0.34	118.18	134.3		40.18	45.66		17.28	
19	040501001002	混凝土管（D=600）	m	60	04060025	定型混凝土管道，平接（企口）式管道基础（180°），公称直径 600 mm 以内	100 m	0.6	3 121.37	7 077.3	367.1	1 872.82	4 246.4	220.25	812.89	221.72
					04060050	砼管道铺设，平接（企口）式，人机配合下管，公称直径 600 mm 以内	100 m	0.6	1 066.67	7 070	645.1	640	4 242	387.05	288.52	
					04060160	平（企）接口，水泥砂浆接口（180°管基）公称直径 600 mm 以内	10 个口	1.9	72.89	24.14		138.49	45.87		59.55	
					04060297	管道闭水试验，公称直径 600 mm 以内	100 m	0.6	195.15	302.62		117.09	181.57		50.35	
20	040504001001	砌筑井（雨水检查井）	座	3	04060412	砖砌圆形雨水检查井，井径 1 250 mm，适用管径 600~800 mm，井深 3 m 以内	座	3	602.96	1 777.1	9.95	1 808.88	5 331.27	29.85	778.83	2 649.6
21	040504001002	砌筑井（雨水进水井）	座	6	04060542	砖砌雨水进水井，单平篦（680×380），井深 1.0 m	座	6	197.96	340.63	3.77	1 187.76	2 043.78	22.62	511.5	641.2
					04060543×（−1）	砖砌雨水进水井，单平篦（680×380），井深增减 0.25 m，子目×（−1）	座	6	-30.15	56.7	0	-180.9	340.2	0	-77.76	

续表 7-12

序号	项目编码	项目名称	计量单位	工程量	清单综合单价组成明细											综合单价
					定额编号	定额名称	定额单位	数量	单价/元			合价/元				
									人工费	材料费	机械费	人工费	材料费	机械费	管理费和利润	
22	040901001001	现浇构件钢筋（路面）	t	0.49	04020270	水泥混凝土路面钢筋，构造筋	t	0.49	741.2	4 182.4	33.25	362.45	2 045.2	16.26	156.41	5 276.7
23	040901001002	现浇构件钢筋（挡墙）	t	22.1	04030296	钢筋制作、安装，现浇混凝土，钢筋直径 10 mm 以内	t	1.7	1 064.24	3 960.8	63.45	1 813.46	6 749.25	108.12	783.52	5 295.7
					04030297	钢筋制作、安装，现浇混凝土，钢筋直径 10 mm 以外	t	20.7	518.07	4 324.1	123.1	10 745.3	89 686.8	2 552.18	4 708.41	
24	040901001003	现浇构件钢筋（防撞栏杆）	t	4.93	04030296	钢筋制作、安装，现浇混凝土，钢筋直径 10 mm 以内	t	0.93	1 064.24	3 960.8	63.45	984.42	3 663.77	58.69	425.32	5 259
					04030297	钢筋制作、安装，现浇混凝土，钢筋直径 10 mm 以外	t	4.01	518.07	4 324.1	123.1	2 076.42	17 331.1	493.18	909.86	
25	040901001004	现浇构件钢筋（桥涵）	t	33.7	04030296	钢筋制作、安装，现浇混凝土，钢筋直径 10 mm 以内	t	0.07	1 064.24	3 960.8	63.45	74.5	277.26	4.44	32.19	5 193
					04030297	钢筋制作、安装，现浇混凝土，钢筋直径 10 mm 以外	t	33.6	518.07	4 324.1	123.1	17 417	145 373	4 136.82	7 631.85	
26	041001001001	拆除路面	m^2	102	04010211	人工拆除混凝土类路面层，有筋，厚度 15 cm	100 m^2	1.02	1 413.47	0	0	1 441.74	0	0	619.95	26.96
					04010212×5	人工拆除混凝土类路面层，有筋，厚度每增减 1 cm，子目×5	100 m^2	1.02	471.1	0	0	480.52	0	0	206.63	

7）分部分项工程综合单价材料明细表（表 7-13）

表 7-13　综合单价材料明细表——分部分项工程

序号	项目编码	项目名称	计量单位	工程量	材料组成明细						
					主要材料名称、规格、型号	单位	数量	单价/元	合价/元	暂估材料单价/元	暂估材料合价/元
4	040103001001	回填方（沟槽）	m^3	126.78	其他材料费			—	0.1	—	0
					材料费小计			—	0.1	—	
5	040103001002	回填方（地坪）	m^3	2 775.49	其他材料费			—	0.08	—	0
					材料费小计			—	0.08	—	
7	040202006001	石灰、粉煤灰、碎（砾）石	m^2	1 348.43	碎石 25～40 mm	m^3	0.198 6	70	13.9		
					粉煤灰	m^3	0.110 9	215	23.84		
					生石灰	t	0.041 6	220	9.15		
					其他材料费			—	0.6	—	0
					材料费小计			—	47.5	—	
8	040203007001	水泥混凝土路面	m^2	1 348.43	（商）混凝土	m^3	0.204	295	60.18		
					道路嵌缝胶 PG	kg	0.003 8	20	0.08		
					其他材料费			—	2.48	—	0
					材料费小计			—	62.73	—	
9	040204004001	安砌侧（平）石	m	174.46	混凝土连接开型侧平石（立缘石）	m	1.015	117	118.76		
					材料费小计			—	118.76	—	
10	040303002001	混凝土基础（挡墙）	m^3	175.16	混凝土	m^3	1.015	285	289.28		
					其他材料费			—	3.4	—	0
					材料费小计			—	292.67	—	

续表 7-13

序号	项目编码	项目名称	计量单位	工程量	材料组成明细：主要材料名称、规格、型号	单位	数量	单价/元	合价/元	暂估材料单价/元	暂估材料合价/元
11	040303005001	混凝土墩（台）身	m^3	2.86	混凝土	m^3	1.015	275	279.13		
					其他材料费			—	3.04	—	0
					材料费小计			—	282.16	—	
12	040303018001	混凝土防撞护栏	m	36.92	混凝土	m^3	0.182 8	295	53.93		
					其他材料费			—	0.63	—	0
					材料费小计			—	54.56	—	
13	040303019001	桥面铺装	m^2	165.44	混凝土	m^3	0.227 2	285	64.75		
					防水剂	kg	0.415 1	9.2	3.82		
					水泥砂浆（细砂）M15 P.S 42.5（未计价）	m^3	0.020 5	235.9	4.84		
					其他材料费			—	11.7	—	0
					材料费小计			—	85.11	—	
14	040303015001	混凝土挡墙墙身	m^3	184.06	混凝土	m^3	1.015	285	289.28		
					硬塑料管 ϕ15	m	0.049 9	38	1.9		
					木丝板	m^2	0.201 4	56	11.28		
					石油沥青 30#	kg	1.895 4	4.6	8.72		
					中粗砂	m^3	2.212	70	154.84		
					其他材料费			—	2.32	—	0
					材料费小计			—	468.33	—	
15	040306003001	箱涵底板	m^3	102.35	混凝土	m^3	1.015	295	299.43		
					其他材料费			—	1.98	—	0
					材料费小计			—	301.4	—	

续表 7-13

序号	项目编码	项目名称	计量单位	工程量	材料组成明细						
					主要材料名称、规格、型号	单位	数量	单价/元	合价/元	暂估材料单价/元	暂估材料合价/元
16	040306004001	箱涵侧墙	m^3	47.3	混凝土	m^3	1.015	295	299.43		
					其他材料费			—	3.66	—	0
					材料费小计			—	303.09	—	
17	040306005001	箱涵顶板	m^3	101.25	混凝土	m^3	1.015	295	299.43		
					其他材料费			—	2.34	—	0
					材料费小计			—	301.76	—	
18	040501001001	混凝土管（$D=300$）	m	34	混凝土 C15	m^3	0.090 8	265	24.06		
					钢筋混凝土管	m	1.01	70	70.7		
					水泥砂浆 1：2.5（未计价）	m^3	0.000 7	282.95	0.2		
					水泥砂浆 1：3（未计价）	m^3	0.000 1	270.74	0.03		
					水泥砂浆 1：2（未计价）	m^3	0.000 1	308.8	0.03		
					水泥砂浆（细砂）M7.5 P.S 32.5（未计价）	m^3	0.000 4	225.7	0.09		
					标准砖 240 mm×115 mm×53 mm	千块	0.000 7	450	0.32		
					其他材料费			—	1.55	—	0
					材料费小计			—	96.98	—	
19	040501001002	混凝土管（$D=600$）	m	60	混凝土 C15	m^3	0.262 1	265	69.46		
					钢筋混凝土管	m	1.01	70	70.7		
					水泥砂浆 1：2.5（未计价）	m^3	0.001 4	282.95	0.4		
					水泥砂浆 1：3（未计价）	m^3	0.000 2	270.74	0.05		
					水泥砂浆 1：2（未计价）	m^3	0.000 1	308.8	0.03		
					水泥砂浆（细砂）M7.5 P.S 32.5（未计价）	m^3	0.000 7	225.7	0.16		
					标准砖 240 mm×115 mm×53 mm	千块	0.001 7	450	0.77		
					其他材料费			—	3.72	—	0
					材料费小计			—	145.29	—	

续表 7-13

序号	项目编码	项目名称	计量单位	工程量	材料组成明细						
					主要材料名称、规格、型号	单位	数量	单价/元	合价/元	暂估材料单价/元	暂估材料合价/元
20	040504001001	砌筑井（雨水检查井）	座	3	水泥砂浆 1∶2（未计价）	m^3	0.095	308.8	29.34		
					水泥砂浆（细砂）M7.5 P.S 32.5（未计价）	m^3	0.989	225.7	223.22		
					标准砖 240 mm×115 mm×53 mm	千块	1.583	450	712.35		
					现浇砼 C15 碎石（最大粒径 40 mm）P.S 32.5（未计价）	m^3	0.374	225.78	84.44		
					铸铁井盖井座	套	1	575	575		
					其他材料费			—	152.74	—	0
					材料费小计			—	1 777.09	—	
21	040504001002	砌筑井（雨水进水井）	座	6	水泥砂浆 1∶2（未计价）	m^3	0.005	308.8	1.54		
					标准砖 240 mm×115 mm×53 mm	千块	0.48	450	216		
					现浇砼 C15 碎石（最大粒径 40 mm）P.S 32.5（未计价）	m^3	0.137	225.78	30.93		
					水泥石屑浆 1∶2（未计价）	m^3	0.004	301.98	1.21		
					水泥砂浆（细砂）M10 P.S 32.5（未计价）	m^3	0.225	235.27	52.94		
					铸铁井篦	套	1.01	80	80.8		
					其他材料费			—	13.91	—	0
					材料费小计			—	397.33	—	
22	040901001001	现浇构件钢筋（路面）	t	0.489	Ⅰ级钢筋 HPB300 ϕ10 以外	t	0.79	4 100	3 239		
					Ⅰ级钢筋 HPB300 ϕ10 以内	t	0.240 1	3 840	921.98		
					其他材料费			—	21.82	—	0
					材料费小计			—	4 182.8	—	
23	040901001002	现浇构件钢筋（挡墙）	t	22.121	Ⅰ级钢筋 HPB300 ϕ10 以外	t	0.975 1	4 100	3 997.91		
					Ⅰ级钢筋 HPB300 ϕ10 以内	t	0.078 6	3 840	301.82		

8）单价措施项目清单与计价表（表 7-14）

表 7-14　单价措施项目清单与计价表

序号	项目编码	项目名称	项目特征	计量单位	工程量	金额/元				
						综合单价	合价	其中		
								人工费	机械费	暂估价
	1	脚手架工程		项	1	10 506.98	10 506.98	4 275.45		
1	041101001001	墙面脚手架		m^2	931.47	11.28	10 506.98	4 275.45		
	2	模板及支架工程		项	1	69 119.67	69 119.67	28 799.11	12 189.35	
2	041102005001	墩（台）身模板		m^2	22.9	49.97	1 144.31	505.4	179.99	
3	041102019001	防撞护栏模板		m^2	44.28	42.06	1 862.42	726.19	575.64	
4	041102017001	挡墙模板		m^2	442.84	41.45	18 355.72	5 198.94	5 597.5	
5	041102002001	基础模板（挡墙）		m^2	314.29	15.83	4 975.21	1 722.31	9.43	
6	041102022001	箱涵滑（底）板模板		m^2	184.23	98.49	18 144.81	11 847.83	49.74	
7	041102023001	箱涵侧墙模板		m^2	85.14	112.41	9 570.59	3 236.17	2 376.26	
8	041102024001	箱涵顶板模板		m^2	182.25	82.67	15 066.61	5 562.27	3 400.79	
	3	大型机械进退场费		项	1	24 732.92	24 732.92	2 938.48	19 073.5	
9	041106001001	大型机械设备进出场及安拆		台·次	2	12 366.46	24 732.92	2 938.48	19 073.5	
		合计					104 359.6	36 013.04	31 262.85	

9）单价措施项目综合单价分析表（表 7-15）

表 7-15　综合单价分析表——单价措施项目

序号	项目编码	项目名称	计量单位	工程量	清单综合单价组成明细											综合单价/元
					定额编号	定额名称	定额单位	数量	单价/元			合价/元				
									人工费	材料费	机械费	人工费	材料费	机械费	管理费和利润	
1	041101001001	墙面脚手架	m^2	931.47	04010681	钢管脚手架，双排 8 m 以内	100 m^2	9.314 7	458.85	470.72		4 274.05	4 384.62		1 837.883	11.28
2	041102005001	墩（台）身模板	m^2	22.9	04010704	柱式墩台身模板	10 m^3	0.286	1 766.92	823.28	629.43	505.339 1	235.458	180.017	223.489	49.97
3	041102019001	防撞护栏模板	m^2	44.28	04010727	现浇小型构件模板，防撞护栏模板	10 m^3	0.665	1 092.35	343.73	865.71	726.412 8	228.58	575.697	332.160 9	42.06
4	041102017001	挡墙模板	m^2	442.84	04010720	挡墙模板	10 m^3	18.406	282.35	278.92	304.11	5 196.934	5 133.8	5 597.45	2 427.199	41.45
5	041102002001	基础模板（挡墙）	m^2	314.29	04010696	基础模板（挡墙）	10 m^3	17.516	98.38	142.75	0.52	1 723.224	2 500.41	9.108 32	741.277 1	15.83
6	041102022001	箱涵滑（底）板模板	m^2	184.23	04010757	预制底板模板	10 m^3	10.235	1 157.51	112.53	4.86	11 847.11	1 151.74	49.742 1	5 095.904	98.49
7	041102023001	箱涵侧墙模板	m^2	85.14	04010758	预制侧墙模板	10 m^3	4.73	684.15	525.18	502.39	3 236.03	2 484.1	2 376.3	1 473.253	112.41
8	041102024001	箱涵顶板模板	m^2	182.25	04010759	预制顶板模板	10 m^3	10.125	549.37	355.07	335.89	5 562.371	3 595.08	3 400.89	2 508.874	82.67
9	041106001001	大型机械设备进出场及安拆	台·次	2	01150639	大型机械进退场费，场外运输费，履带式推土机（功率）90 kW 以外	台次	2	383.28	465.54	3 392.3	766.56	931.08	6 784.54		12 366
					01150637	大型机械进退场费，场外运输费，履带式挖机（斗容量）1 m^3 以外	台次	2	766.56	475.95	3 502	1 533.12	951.9	7 004.02		
					01150645	大型机械进退场费，场外运输费，压路机	台次	2	319.4	418.98	2 642.5	638.8	837.96	5 284.94		

10）单价措施项目综合单价材料明细表（表 7–16）

表 7-16　综合单价材料明细表--单价措施项目

序号	项目编码	项目名称	计量单位	工程量	材料组成明细						
					主要材料名称、规格、型号	单位	数量	单价/元	合价/元	暂估材料单价/元	暂估材料合价/元
1	041101001001	墙面脚手架	m²	931.47	其他材料费			—	4.71	—	0
					材料费小计			—	4.71	—	
2	041102005001	墩（台）身模板	m²	22.9	其他材料费			—	10.24	—	0
					材料费小计			—	10.24	—	
3	041102019001	防撞护栏模板	m²	44.28	定型钢模板	kg	0.884 1	4.5	3.98		
					其他材料费			—	1.18	—	0
					材料费小计			—	5.16	—	
4	041102017001	挡墙模板	m²	442.84	其他材料费			—	11.54	—	0
					材料费小计			—	11.54	—	
5	041102002001	基础模板（挡墙）	m²	314.29	其他材料费			—	7.98	—	0
					材料费小计			—	7.98	—	
6	041102022001	箱涵滑（底）板模板	m²	184.23	其他材料费			—	6.31	—	0
					材料费小计			—	6.31	—	
7	041102023001	箱涵侧墙模板	m²	85.14	其他材料费			—	29.15	—	0
					材料费小计			—	29.15	—	
8	041102024001	箱涵顶板模板	m²	182.25	其他材料费			—	19.68	—	0
					材料费小计			—	19.68	—	
9	041106001001	大型机械设备进出场及安拆	台·次	2	其他材料费			—	1360.47	—	0
					材料费小计			—	1360.47	—	

11）总价措施项目清单与计价表（表 7–17）

表 7-17　总价措施项目清单与计价表

序号	项目编码	项目名称	计算基础	费率/%	金额/元	调整费率/%	调整后金/元	备注
1	041109001001	安全文明施工费（市政）			17 679.56			
	1	环境保护费、安全施工费、文明施工费(市政)	分部分项定额人工费－独立土石方定额人工费＋（分部分项定额机械费－独立土石方定额机械费）×8%	10.22	14 283.41			
	2	临时设施费（市政）	分部分项定额人工费－独立土石方定额人工费＋（分部分项定额机械费－独立土石方定额机械费）×8%	2.43	3 396.15			
2	041109004001	冬、雨季施工增加费，生产工具用具使用费，工程定位复测，工程点交、场地清理费（市政建筑、独立土石方）	市政土建定额人工费＋独立土石方定额人工费＋（市政土建定额机械费＋独立土石方定额机械费）×8%	5.95	8 315.68			
合　　计					25 995.24			

12）其他项目清单与计价汇总表（表 7-18）

表 7-18 其他项目清单与计价汇总表

序号	项目名称	金额/元	结算金额/元	备注
1	暂列金额	50 000		详见明细表
2	暂估价			
2.1	材料（设备）结算价			详见明细表
2.2	专业工程暂估价			详见明细表
3	计日工			详见明细表
4	总承包服务费			详见明细表
5	其他			
5.1	人工费调差			
5.2	机械费调差			
5.3	风险费			
合计		50 000		—

13）规费、税金项目计价表（表 7-19）

表 7-19 规费、税金项目计价表

序号	项目名称	计算基础	计算基数	计算费率/%	金额/元
1	规费	社会保险费、住房公积金、残疾人保证金＋危险作业意外伤害险＋工程排污费	45 716.69		45 716.69
1.1	社会保险费、住房公积金、残疾人保证金	分部分项定额人工费＋单价措施定额人工费＋其他项目定额人工费	169 321.07	26	44 023.48
1.2	危险作业意外伤害险	分部分项定额人工费＋单价措施定额人工费＋其他项目定额人工费	169 321.07	1	1 693.21
1.3	工程排污费				
2	税金	分部分项工程＋措施项目＋其他项目＋规费－不计税工程设备费	1 184 578.45	3.48	41 223.33
合计					86 940.02

【习题与思考题】

1. 市政道路工程施工图由哪些内容组成？
2. 市政道路工程招标工程量清单文件由哪些内容组成？
3. 市政道路工程招标控制价文件由哪些内容组成？

参考文献

[1] 中华人民共和国住房和城乡建设部. 建设工程工程量清单计价规范（GB 50500—2013）[S]. 北京：中国计划出版社，2008.

[2] 中华人民共和国建设部. 全国统一市政工程预算定额（GYD—301—1999）[S]. 北京：中国计划出版社，1999.

[3] 云南省住房和城乡建设厅. 云南省建设工程造价计价规则（DBJ53/T—58—2013）[S]. 昆明：云南科技出版社，2014.

[4] 云南省住房和城乡建设厅. 云南省市政工程消耗量定额（DBJ53/T—59—2013）[S]. 昆明：云南科技出版社，2014.

[5] 王云江. 市政工程预算与工程量清单计价[M]. 北京：中国建材工业出版社，2006.

[6] 本书编写组. 市政工程造价员培训教材[M]. 北京：中国建材工业出版社，2010.

[7] 石灵娥. 市政工程计量与计价[M]. 北京：机械工业出版社，2012.

[8] 张建平. 建筑工程计量与计价[M]. 北京：机械工业出版社，2015.